UG NX 8.5 数控编程与加工实例教程

牛新春　宋　斌　魏三营　主编
马军星　王海英　副主编

化学工业出版社
·北京·

本书共分为六个项目，以典型零件为例，详细介绍了 UG NX 8.5 的数控编程与加工方法、参数设置、加工工艺等；对重点难点做了详尽解析，帮助读者尽快掌握和使用 UG 软件的编程方法与技巧。

本书作者具备丰富的数控编程与教学培训经验，书中内容以实用为主，由浅入深、循序渐进，除了相关理论之外，还加入了大量的经验讲解及个人观点，理论与实际相结合。

本书可作为大中专院校相关课程教材，从事编程工作人员的自学教材和参考书，也可作为 UG CAM 技术的各级培训教材。

图书在版编目 (CIP) 数据

UG NX 8.5 数控编程与加工实例教程/牛新春，宋斌，
魏三营主编. —北京 ：化学工业出版社，2014.6（2017.11重印）
ISBN 978-7-122-20257-4

Ⅰ.①U… Ⅱ.①牛… ②宋… ③魏… Ⅲ.①数控机
床-程序设计-应用软件-教材②数控机床-加工-计算机
辅助设计-应用软件-教材 Ⅳ.①TG659-39

中国版本图书馆 CIP 数据核字（2014）第 076204 号

责任编辑：王昕讲   装帧设计：刘丽华
责任校对：蒋 宇

出版发行：化学工业出版社（北京市东城区青年湖南街 13 号 邮政编码 100011）
印 装：三河市延风印装有限公司
787mm×1092mm 1/16 印张 11¼ 字数 278 千字 2017 年 11 月北京第 1 版第 3 次印刷

购书咨询：010-64518888（传真：010-64519686） 售后服务：010-64518899
网 址：http://www.cip.com.cn
凡购买本书，如有缺损质量问题，本社销售中心负责调换。

定 价：30.00 元

前　言

CAD/CAM（计算机辅助设计与制造）技术是现代信息技术与传统机械设计制造技术相结合的一个典型范例，是先进制造技术重要组成部分，运用这项技术，可以大大缩短企业的产品开发周期，改善产品质量，提高工作效率，为企业带来更大的竞争能力。

Unigrphice（简称 UG）是 UGS 公司推出的一套集 CAD\CAE\CAM 于一体的三维参数化软件，也是当今世界上最先进的计算机辅助设计、分析和制造软件之一，同时也是目前在我国应用最广泛、最具代表性的 CAD/CAM/CAE 软件之一。广泛应用于航天航空、汽车、机械、模具和家用电器等工业领域。

UG NX 8.5 是 NX 的最新版本，也是目前功能最强大，使用率最高的 CAD/CAM 软件之一。在机械、电子、模具、汽车、航天航空等行业有着广泛使用。本书以 UG NX 8.5 为蓝本，详细介绍 UG CAM 数控铣加工模块，本书共分为 6 个项目。

项目一　CAM 数控编程原理及加工工艺。介绍了数控技术、数控加工原理、加工工艺、手工编程等，详细介绍了数控机床程序编制。

项目二　UG NX 加工模块基础知识。介绍了 UG CAM 数控加工特点、用户模板的设置、UG CAM 数控加工一般流程、父节点创建等。

项目三　切削模式与步进设置。本章详细介绍 UG CAM 中的切削模式、步进设置。

项目四　平面铣操作。本章详细介绍平面铣加工创建、加工方法、切削参数设置等。

项目五　型腔铣与深度轮廓铣。本章介绍了型腔铣与深度轮廓铣加工特点、加工创建，并对型腔铣加工方法、切削参数做了详细解析。

项目六　固定轴曲面轮廓铣。本章介绍了固定轴曲面轮廓铣的加工原理、加工参数设置，各种切削方式，并结合综合实例重点介绍固定轴轮廓铣的加工方法。

本书由牛新春、宋斌、魏三营主编，马军星、王海英担任副主编，毛世征、王志强和琚颖红也参加了本书编写。

在本书编写过程中得到了化学工业出版社的大力支持和帮助，在此表示衷心的感谢。尽管本书是我们多年的经验总结，但不妥之处在所难免，特别在行业的术语方面，由于地方差异，不一定表达准确，恳请广大读者批评指正，以便我们修订改进。

编　者

目　录

项目一　CAM 数控编程原理及加工工艺

 **项目工作情境**

本项目通过学习数控编程基础知识，了解数控加工内容及原理，掌握数控加工工艺、数控程序的结构及常用指令，掌握简单手工编程等。

项目学习目标

☆ 了解数控加工内容及原理；
☆ 掌握数控加工工艺；
☆ 掌握数控程序的结构及常用指令；
☆ 掌握手工编程。

任务一　认识数控加工

一、数控技术与数控机床

20 世纪最伟大的发明之一是计算机的出现和应用，使人类实现了机械加工工艺过程自动化的理想。当科技人员首次把计算机作为一种信息处理装置移植到传统的机床中时，一种先进的机械加工设备——数控机床诞生了。随着计算机的发展，数控机床也得到迅速的发展和广泛的应用。当今数控机床已成为现代制造技术的基础，人们对传统的机床传动及结构的概念发生了根本的转变，因此数控机床水平的高低和拥有量已成为衡量一个国家工业现代化水平的重要标志之一。

在加工机床中得到广泛应用的数控技术是20世纪40年代后期发展起来的一种自动化加工技术，它综合了计算机、自动控制、电机、电气传动、测量、监控和机械制造等学科的内容。该技术主要采用计算机对机械加工过程中各种控制信息进行数字化运算、处理，并通过高性能的驱动单元对机械执行的构件进行自动化控制。因此读者有必要了解以下几个相关概念的定义。

◆ **数字控制**：是一种用数字化信号对被控对象（如机床各种运动及其加工过程）进行可编程自动控制的技术，简称NC。

◆ **数控技术**：是指用数字、字母和符号（如下划线）对某一工作过程进行可编程自动控制的现代化技术。

◆ **数控系统**：是指集成了实现数控技术相关功能的软硬件模块的有机系统，可见它是数控技术的载体。

◆ **计算机数控系统**：是指以计算机主体为核心的数控系统，简称CNC。

◆ **数控机床**：国际信息处理联盟第五技术委员会对数控机床作了如下定义：数控机床是一种

装有程序控制系统，该系统能逻辑地处理具有特定代码或其他符号编码指令规定的程序的机床。

◆ 数控轴数和联动轴数

① 数控轴数：指数控系统按加工要求可控制机床运动的坐标轴数量（例如，某数控机床本身具有 X、Y、Z 三个方向运动坐标轴，则该机床的控制轴数为三轴）。

② 联动轴数：指数控系统按加工要求可同时控制机床运动的坐标轴数量（例如，某数控机床本身具有 X、Y、Z 三个方向运动坐标轴，但数控系统仅可同时控制两个坐标轴 XY、YZ 或 XZ 的运动，则该机床的联动轴数为两轴）。

◆ 加工中心：是一种具有自动换刀装置（俗称机械手）及刀库且联动轴数在 4 轴或以上的数控机床，它能实现一次装夹并进行多工序加工。其刀库中装有钻头、丝锥、绞刀、铣刀等工具，通过程序指令自动选择并更换刀具，这样可以大大缩短零件装卸时间和换刀时间，是数控机床发展史中的重要品种。

二、数控机床的产生和发展

第一台数控机床是为了适应航空工业制造复杂工件的需要产生的。1952 年美国麻省理工学院和柏森公司合作研制成功了世界上第一台具有信息存储及信息处理功能的新型机床，这台机床就是数控机床。随着电子技术和计算机技术的发展，数控机床也不断更新换代。

第一代数控机床从 1952 年至 1959 年，其数控系统采用电子管元件；第二代数控机床从 1959 年开始，其数控系统采用晶体管元件；第三代数控机床从 1965 年开始，其数控系统采用集成电路；第四代数控机床从 1970 年开始，其数控系统采用大规模集成电路及小型通用计算机；第五代数控机床从 1974 年开始，其数控系统采用微处理器和微型计算机。

我国从 1958 年开始研制数控机床，1975 年又研制出第一台加工中心。改革开放以来，由于引进国外的数控系统和伺服系统，我国的数控机床在品种和质量方面都得到迅速的发展。自 1986 年，我国数控机床开始进入国际市场。目前我国有若干家数控机床厂，能够生产数控高质量的数控机床和加工中心。由于经济型数控机床的研究、生产和推广取得了很大的发展，对机床制造技术起到了积极的推动作用。

对于刚开始接触数控加工技术的读者来说是有必要了解数控机床的种类的。下面就为广大的读者简单地介绍数控机床的分类。目前，数控机床品种繁杂、结构功能各异，但通常可按以下几种方法分类。

（1）按机床运动轨迹，可分为点位控制数控机床，直线控制数控机床，轮廓控制数控机床。

（2）按伺服系统类型，可分为开环伺服系统数控机床，闭环伺服系统数控机床，半闭环伺服系统数控机床。

（3）按加工工艺类型，可分为普通数控机床（如数控车床、数控铣床、数控磨床），加工中心机床（如镗铣加工中心、车削中心、钻削中心等），金属成型类数控机床（如数控冲床、数控折弯机、数控弯管机、数控回转头压力机等），数控特种加工机床（如数控线切割、数控电火花、数控激光加工机床等），其他非加工类型的数控机床（如数控装配机、数控三坐标测量机等）。

三、数控机床的工作原理

数控机床工作前，要先根据被加工零件的要求，确定零件加工工艺过程、工艺参数，并按一定的规则形成数控系统能理解的加工程序。也就是要将被加工零件的几何信息和工艺信息数字化，按规定的代码和格式编制成数控加工程序，然后用适当的方式将此加工程序输入到数控机床的数控装置中，此时可启动机床运行数控加工程序。在运行数控加工程序的过程中，数控装置会根据数控加工程序的内容，发出各种控制指令，如启动主轴电机，打开冷却液，进行刀具轨迹计算，同时向特定的执行单元发出数字位移脉冲并进行进给速度控制等，正常情况下可直到程序运行结束，零件加工完毕为止。当改变加工零件时，只要在数控机床中改变加工程序，就可继续加工新零件。

四、数控加工的内容及原理

1. 数控加工的内容

一般来说，数控加工主要包括以下几个方面的内容：

（1）通过数控加工的适应性分析选择并确定进行数控加工的零件的内容。

（2）结合加工表面的特点和数控设备的功能对零件进行数控加工的工艺分析。

（3）进行数控加工的工艺设计。

（4）根据编程的需要，对零件图形进行数学处理和计算。

（5）编写加工程序单。

（6）按程序单制作控制介质，如穿孔带、磁带、磁盘等。

（7）校验与修改加工程序。

（8）试加工第一个零件以修改加工程序，并对发现的问题进行处理。

（9）编制数控加工工艺技术文件，如数控加工工序卡、走刀路线图、程序说明卡等。

2. 数控加工原理

（1）根据零件的要求编写相应的加工程序（由人工或计算机），储存在软盘、磁带等介质中或用网络与机床联机。

（2）将编写好的加工程序输入到机床的数控装置中。

（3）由数控装置按编写的程序控制伺服驱动系统和其他驱动系统。

（4）由伺服驱动系统和其他驱动系统驱动机床的主轴、工作台、刀库等来完成零件的加工。

任务二　数控编程基础

一、数控编程的内容

一般来讲，数控编程过程的主要内容包括：分析零件图样、工艺处理、数值计算、编写加工程序单、制作控制介质、程序校验和首件试加工。数控编程的具体步骤与要求如下。

1. 工艺分析

在数控编程之前，要分析零件的材料、形状、尺寸、精度、批量、毛坯形状和热处理要求等，以便确定该零件是否适合在数控机床上加工，或适合在哪种数控机床上加工。同时要明确加工的内容和要求。

2. 工艺处理

在分析零件图的基础上，进行工艺分析，确定零件的加工方法（如采用的工夹具、装夹定位方法等）、加工路线（如对刀点、换刀点、进给路线）及切削用量（如主轴转速、进给速度和背吃刀量等）等工艺参数。数控加工工艺分析与处理是数控编程的前提和依据，而数控编程就是将数控加工工艺内容程序化。制定数控加工工艺时，要合理地选择加工方案，确定加工顺序、加工路线、装夹方式、刀具及切削参数等；同时还要考虑所用数控机床的指令功能，充分发挥机床的效能；尽量缩短加工路线，正确地选择对刀点、换刀点，减少换刀次数，并使数值计算方便；合理选取起刀点、切入点和切入方式，保证切入过程平稳；避免刀具与非加工面的干涉，保证加工过程安全可靠等。

3. 数值计算

根据零件图的几何尺寸、确定的工艺路线及设定的坐标系，计算零件粗、精加工运动的轨迹，得到刀位数据。对于形状比较简单的零件（如由直线和圆弧组成的零件）的轮廓加工，要计算出几何元素的起点、终点、圆弧的圆心、两几何元素的交点或切点的坐标值，如果数控装置无刀具补偿功能，还要计算刀具中心的运动轨迹坐标值。对于形状比较复杂的零件（如由非圆曲线、曲面组成的零件），需要用直线段或圆弧段逼近，根据加工精度的要求计算出节点坐标值，这种数值计算一般要用计算机来完成。

4. 编写加工程序单

根据加工路线、切削用量、刀具号码、刀具补偿量、机床辅助动作及刀具运动轨迹，按照数控系统使用的指令代码和程序段的格式编写零件加工的程序单，并校核上述两个步骤的内容，纠正其中的错误。

5. 制作控制介质

把编制好的程序单上的内容记录在控制介质上，作为数控装置的输入信息。通过程序的手工输入或通信传输送入数控系统。

6. 程序校验与首件试切

编写的程序单和制备好的控制介质，必须经过校验和试切才能正式使用。校验的方法是直接将控制介质上的内容输入到数控系统中，让机床空运转，以检查机床的运动轨迹是否正确。在有 CRT 图形显示的数控机床上，用模拟刀具与工件切削过程的方法进行检验更为方便，但这些方法只能检验运动是否正确，不能检验被加工零件的加工精度。因此，要进行零件的首件试切。当发现有加工误差时，需要分析误差产生的原因，找出问题所在，加以修正，直至达到零件图纸的要求。

二、数控编程方法

数控程序编制的方法可以分为手工编程和自动编程两大类。

1. 手工编程

手工编程是指编制加工程序的各个步骤，从工件图样分析、工艺处理、确定加工路线和工艺参数、编写加工程序清单直到程序的检验，均由人工来完成。对几何形状较为简单的工件，所需程序不多，坐标计算也比较简单，程序又不长，使用手工编程既经济又及时。因此，手工编程在点位直线加工及直线圆弧组成的轮廓加工中仍被广泛使用。

但是，工件轮廓复杂，特别是加工非圆弧曲线、曲面等表面，或工件加工程序较长时，使用手工编程既繁琐又费时，而且容易出错，常会出现手工编程工作跟不上数控机床加工的情况，影响数控机床的开动率。此时，必须解决编程自动化问题。

2. 自动编程

自动编程又称计算机辅助编程。自动编程是利用计算机专用软件来编制数控加工程序。编程人员只需根据零件图样的要求，使用数控语言，由计算机自动地进行数值计算及后置处理，编写出零件加工程序单，加工程序通过直接通信的方式送入数控机床，指挥机床工作。自动编程使得一些计算繁琐、手工编程困难或无法编出的程序能够顺利地完成。同时编程的工作量减轻，编程的时间缩短，编程的准确性提高，特别是复杂工件的编程，其技术经济效益显著。由于在实际生产中大多工件都是复杂的，需要借助计算机辅助编程，因此本书主要介绍如何用

UG 这个软件进行数控编程。

三、数控编程常用指令及功能

数控加工过程中的各种动作都是事先由编程人员在程序中用指令的方式予以规定的，主要包括准备功能 G 代码、辅助功能 M 代码、进给功能 F 代码、主轴转速功能 S 代码、刀具功能 T 代码等。

准备功能 G 代码和辅助功能 M 代码统称为工艺指令，是程序段的主要组成部分。国际标准化组织（ISO）制定了 G 代码和 M 代码标准。我国也制定了与 ISO 标准等效的 JB3208-83 标准。应当指出，由于数控系统和数控机床功能的不断增强，有些先进数控系统的 G 代码和 M 代码已超出 ISO 制定的通用国际标准，G、M 代码的功能含义与 ISO 标准不完全相同。

1. 常用准备功能 G 代码

G 代码（或 G 指令）是在数控系统插补运算之前需要预先规定，为插补运算作好准备的工艺指令，如：坐标平面选择、插补方式的指定、孔加工等固定循环功能的指定等。

（1）坐标平面选择指令 G17、G18、G19

G17 表示选择 XY 平面，G18 表示选择 ZX 平面，G19 表示选择 YZ 平面。数控车床上一般默认为在 ZX 平面内加工；数控铣床上一般默认为在 XY 平面内加工。若要在其他平面上加工，则应使用坐标平面选择指令。如图 1-1 所示。

（2）绝对坐标与增量坐标编程指令

G90、G91 用 G90 编程时，程序段中的坐标尺寸为绝对值，即在工件坐标系中的坐标值。用 G91 编程时，程序段中的尺寸为增量坐标值，即刀具运动的终点相对于前一位置的坐标增量。

例如：刀具由 A 点直线插补到 B 点，如图 1-2 所示。用 G90、G91 编程时，程序段分别为：

G90 编程：N100G90G01X15.0Y30.0F100

G91 编程：N100G91G01X-20.0Y10.0F100

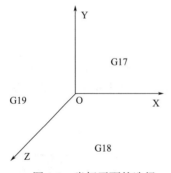

图 1-1　坐标平面的选择

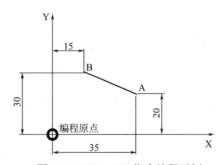

图 1-2　G90、G91 指令编程示例

专家点拨：数控系统通电后，机床一般处于 G90 状态，此时所有输入的坐标值全部是以工件原点为基准的绝对坐标值，并且一直有效，直到在后面的程序段中出现 G91 指令为止。绝对坐标与增量坐标编程指令 G90、G91 的特点是同一条程序段中只能用一种，不能混用；同一坐标轴方向的尺寸字的地址符是相同的。

（3）快速点定位指令 G00

G00 指令是模态代码，直到指定了 G01、G02 和 G03 中的任一指令，G00 才无效。

控制刀具以点位控制的方式快速移动到目标位置，其移动速度由参数来设定。指令执行开始后，刀具沿着各个坐标方向同时按参数设定的速度移动，最后减速到达终点。它只是快速定位，而无运动轨迹要求。进给速度指令对 G00 无效。

G00 指令程序段格式为：G00 X_Y_Z_ ；（X、Y、Z 为目标位置的坐标值）

（4）直线插补指令 G01

G01 使机床各坐标轴以插补联动方式在各坐标平面内，按指定的进给速度 F 切削任意斜率的直线轮廓和用直线段逼近的曲线轮廓。

G01 和 F 指令都是模态代码，F 指令可以用 G00 指令取消。如果在 G01 程序段之前的程序段没有 F 指令，而现在的 G01 程序段也没有 F 指令，则机床不运动。因此，G01 程序段中必须有 F 指令。

G01 指令程序段格式为：G01 X_Y_Z_F_ ；如图 1-3 为车床的直线插补图，可采用 G90、G91 编程，具体操作如下：

采用绝对坐标编程时，程序段为

……

N20 G00X50.0 Z2.0 S500.0 M03；刀具快速移动，主轴转速 S=500r/min

N30 G01 Z-40.0 F100.0；以 F=100mm/min 的进给率从 P1→P2

N40 X80.0 Z-60.0；P2→P3

N50 G00 X160.0 Z100.0；P3→P0 快速移动

……

采用增量坐标编程时，程序段为

……

N30 G00 U-110.0W-98.0 S500.0 M03；P0→P1

N40 G01 W-42.0 F100.0；P1→P2

N50 U30.0 W-20.0；P2→P3

N60 G00 U80.0 W160.0；P3→P0

……

（5）圆弧插补指令 G02/G03

G02 为顺时针（CW）圆弧插补，G03 为逆时针（CCW）圆弧插补，判断顺、逆方向的方法为：沿垂直于圆弧所在平面的坐标轴的正向往负方向看，刀具相对于工件的转动方向是顺时针方向为 G02，逆时针方向为 G03，如图 1-4 所示。

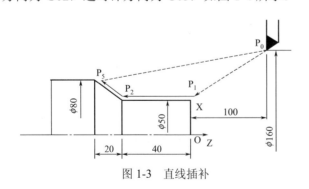

图 1-3　直线插补

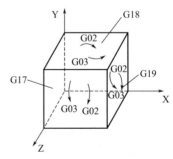

图 1-4　圆弧插补的顺逆判断

加工圆弧时，不仅要用 G02、G03 指出圆弧的顺时针或逆时针方向，用 X、Y、Z 指定圆弧的终点坐标，而且还要指定圆弧的圆心位置。圆心位置的指定方式有两种，因而 G02、G03

程序段的格式也有两种。

◆ 用I、J、K指定圆心位置：

$$\left.\begin{array}{c}G17\\G18\\G19\end{array}\right\}\left.\begin{array}{c}G02\\G03\end{array}\right\} X\_Y\_Z\_I\_J\_K\_F\_;$$

◆ 用圆弧半径R指定圆心位置：

$$\left.\begin{array}{c}G17\\G18\\G19\end{array}\right\}\left.\begin{array}{c}G02\\G03\end{array}\right\} X\_Y\_Z\_R\_F\_;$$

说明：

采用绝对值编程时，X、Y、Z为圆弧终点在工件坐标系中的坐标值；采用增量值编程时，X、Y、Z为为圆弧终点相对于圆弧起点的坐标增量值。

无论是绝对坐标编程还是增量坐标编程，I、J、K都为圆心坐标相对圆弧起点坐标的坐标增量值，如图1-5所示。

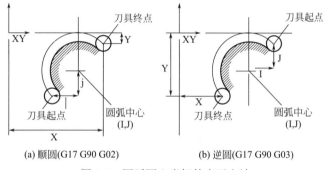

(a) 顺圆(G17 G90 G02)　　　　(b) 逆圆(G17 G90 G03)

图1-5　圆弧圆心坐标的表示方法

◆ 圆弧所对的圆心角α<180°时，用"+R"表示；当α>180°时，用"–R"表示，如图1-6中的圆弧1和圆弧2。

例：在图1-7中有以下两个程序段。

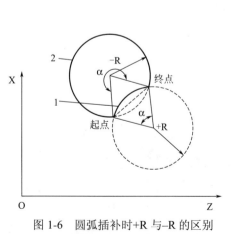

图1-6　圆弧插补时+R与–R的区别

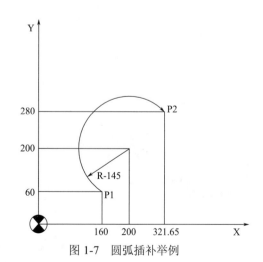

图1-7　圆弧插补举例

◆ 当圆弧A的起点为P1，终点为P2，圆弧插补程序段为：

G02 X321.65 Y280 I40 J140 F50

或：G02 X321.65 Y280 R-145.6 F50

◆ 当圆弧 A 的起点为 P2，终点为 P1 时，圆弧插补程序段为：

G03 X160 Y60 I-121.65 J-80 F50

或：G03 X160 Y60 R-145.6 F50

（6）暂停指令 G04

G04 指令是指刀具暂停时间，即进给停止，主轴不停止。在进行钻孔等加工时，经常要求刀具在短时间内实现无进给修正加工。此时，可以用 G04 指令实现暂停，暂停结束后，继续执行下一段程序。

程序格式为：G04X—或 P—；

地址 X 或 P 后的数值是暂停时间，X 后面的数值要带小数点，否则以此数值的千分之一计算，单位为秒（s）。P 后面数值不能带小数点（即整数表示），单位为毫秒（ms）。

（7）公制单位设定和英制单位设定（G21、G20）

G21 和 20 表示程序段中采用公制或是英制加工。公制单位换算关系是：1 毫米(mm)≈0.0394 英寸(in)　1 英寸(in)≈25.4 毫米(mm)

（8）返回参考平面 G27、G28、G29

◆ 参考点回归检测（G27）　G27 指令可以检测机床是否准确回归到参考点。执行该指令时，各坐标轴以快速点定位的方式返回到参考点，同时参考点指示灯亮显。

程序格式为：G27X—Y—Z—；

◆ 自动返回参考点 G28　G28 指令可以使刀具从任何位置，以快速点定位的方式，经过中间点返回参考点，参考指示灯同时亮显。

程序格式为：G28X—Y—Z—；

◆ 自动从参考点返回(G29)　G29 指令指机床从参考点快速移到 G28 指令设定的中间点，再从中间点快速移动到 29 指令指定的点。如果 G29 指令的前面未指定中间点，则执行 G29 指令时，被指定的各轴经程序零点，再移动到 G29 指令的返回点上定位。

（9）刀具半径补偿建立与取消指令 G41/G42、G40

在零件轮廓铣削加工时，由于刀具半径尺寸影响，刀具中心轨迹与零件轮廓往往不一致。现代数控系统都具有刀具半径补偿功能，在编程时直接按轮廓编程。加工前通过操作键盘输入补偿值后，数控系统自动计算刀具中心轨迹，并控制刀具中心按轨迹运动。如图 1-8 所示。

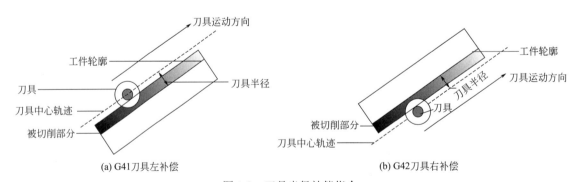

(a) G41刀具左补偿　　　　　　　　　(b) G42刀具右补偿

图 1-8　刀具半径补偿指令

刀具半径补偿指令有：左偏置指令 G41、右偏置指令 G42、刀补取消指令 G40。沿刀具运动方向看，刀具偏在工件轮廓左侧，为左偏置指令 G41，如图 1-8（a）所示；沿刀具运动方向看，刀具偏在工件轮廓右侧，为右偏置指令 G42，如图 1-8（b）所示。刀补取消指令 G40 就是使由 G41 或 G42 指定的刀具半径补偿无效，而刀具中心仍处于被补偿的轨迹上。若要使补偿量为零，则需以绝对值方式退刀至某一点（离开工件的任何地方）。

刀具半径补偿与取消的程序段格式为：

G00/G01G41/G42X_Y_D（H）_F_ ；

G00/G01G40X_Y_ ；

其中：X、Y 为刀具半径补偿或取消时的终点坐标值；D（H）为刀具偏置代码地址字，后面一般用两位数字表示。D（H）代码中存放刀具半径值或补偿值作为偏置量，用于数控系统计算刀具中心运动轨迹。刀具半径补偿的过程分为三步，如图 1-9 所示。

◆ 刀具半径补偿的建立。刀具中心从与编程轨迹重合过渡到与编程轨迹偏离一个偏置量的过程；

◆ 刀具半径补偿进行。执行有 G41、G42 指令的程序段后，刀具中心始终与编程轨迹相距一个偏置量；

◆ 刀具半径补偿的取消。刀具离开工件，刀具中心轨迹要过渡到与编程轨迹重合的过程。

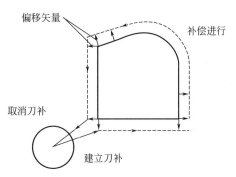

图 1-9　刀具半径补偿的建立与取消

（10）刀具长度补偿建立与取消指令 G43/G44、G49

由于刀具磨损、重磨或中途换刀，致使刀具轴向没有达到要求的加工深度，刀具需作 Z 轴方向的刀具补偿。补偿量是要求深度与实际深度的差值。刀具长度补偿指令有：轴向正补偿指令 G43、轴向负补偿指令 G44、长度补偿取消指令 G49 或 G40，均为模态指令。正补偿指令 G43 表示刀具实际移动值为程序给定值与补偿值的和，负补偿指令 G44 表示刀具实际移动值为程序给定值与补偿值的差。

长度补偿建立与取消的程序段格式分别为：G00/G01G43/G44 Z_H_F_；

G00/G01G49Z_；

（H 代码中存放刀具的长度补偿值作为偏置量）

刀具长度补偿量可用 CRT/MDI 方式输入。

例：图 1-10 左图对应的程序段为 G01 G43 Zs H～，右图对应的程序段为 G01 G44 Zs H～，其中：S 为 Z 向程序指令点；

H～的值为长度补偿量，即 H～ =△。

H 为刀具长度补偿代号地址字，后面一般用两位数字表示代号，代号与长度补偿量一一对应。

刀具补偿功能应用的优点。

① 简化编程工作。在具有刀具半径补偿功能的数控系统中，编程时不必计算刀具中心轨迹，只按零件轮廓编程即可。在加工时输入偏置量即可。

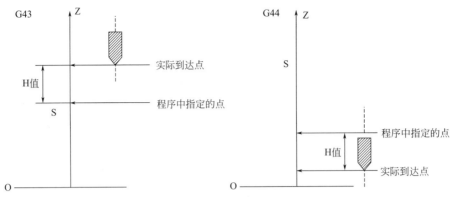

图 1-10 刀具长度补偿

当数控系统具有刀具长度补偿功能时，编程时就可以不必考虑刀具的实际长度以及各把刀具不同的长度尺寸。当刀具磨损、更换新刀或刀具安装有误差时，不必重新编制加工程序、重新对刀或重新调整刀具，只需改变偏置值即可。

② 实现粗、精加工。具有刀具半径补偿的数控系统，编程人员还可以用同一个加工程序，对零件轮廓进行粗、精加工。如图 1-11 所示，在用同一把半径为 R 的刀具进行粗、精加工时，设精加工余量为 Δ，则粗加工的偏置量为 R+Δ，而精加工的偏置量改为 R 即可。

③ 实现内外型面的加工。具有刀具半径补偿的数控系统，可用 G42 指令或正的偏置量 R 得到 A 轨迹，用 G41 指令或用负的偏置量-R 得到 B 轨迹（如图 1-12 所示），于是便能用同一程序加工同一基本尺寸的内外型面。

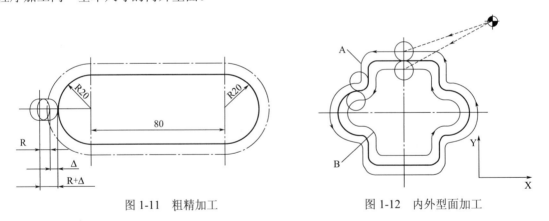

图 1-11 粗精加工　　　　　图 1-12 内外型面加工

（11）工件坐标系（G54～G59）

数控机床中可以设定多个工作坐标系，其用 G54～G59 指令来表达，也就是说可以同时加工多个工件，但必须在加工前设定好要加工的工件坐标系。图 1-13 所示为工件坐标系的应用。

2. 常用辅助功能 M 代码

（1）程序停止指令（M00）

M00 为程序无条件暂停指令，程序执行到此指令进给率停止和主轴停转。如果要继续执行下面的程序，必须按机床面板上的"循环启动"按钮。

（2）选择性程序暂停（M01）

M01 为程序性选择暂停指令。程序执行前必须打开控制面板上 OPSTOP 键才能执行，执行后的效果与 M00 相同。

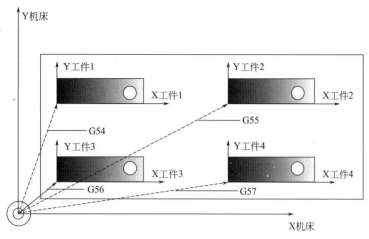

图 1-13 工件坐标系

（3）程序结束（M02、M30）

M02 为程序结束指令。执行到此指令进给率停止、主轴停转、冷却液关闭，并将控制部分复位到初始状态。它编在最后一条程序段中，用以表示程序结束。M30 为程序结束，并返回开始状态。

（4）主轴正、反转及停止（M03、M04、M05）

M03 为主轴正转指令（顺时针方向旋转），M04 为主轴反转指令（逆时针方向旋转）。所谓主轴正转，是从主轴往 Z 方向看去，主轴处于顺时针方向旋转，而逆时针方向则为反转。M05 为主轴停转，它是在该程序段其他指令执行完以后才执行的。

（5）冷却液开关（M08、09）

M08 为冷却液开启指令，M09 为冷却液关闭指令。冷却液开关是通过冷却泵的启动与停止来控制的。

（6）运动部件的夹紧与松开（M10、M11）

M10 为运动部件的夹紧指令，M11 为运动部件松开指令。

（7）镜像指令（M21、M22、M23）

镜像加工指令是将刀具轨迹沿某坐标轴作镜像变换，而形成加工轴对称零件的刀具轨迹，对称轴（或镜像轴）可以是 X 轴、Y 轴或原点。当只对 X 轴或 Y 轴进行镜像时，切削时的走刀顺序（顺铣与逆铣）、刀补方向、圆弧插补转向都会与实际程序相反。当同时对 X 轴和 Y 轴进行镜像时，切削时的走刀顺序、刀补方向、圆弧插补转向均不变。图 1-14 所示为 X 轴和 Y 轴镜像刀具路径。

程序格式为：M21 X～；

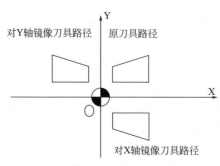

图 1-14 X 轴和 Y 轴镜像刀具路径

任务三　了解数控加工工艺

所谓数控加工工艺，就是用数控机床对零件进行加工的一种工艺方法。具体方法如下：

（1）选择合适的数控机床来加工零件，确定数控机床加工内容。

（2）对零件图样进行工艺分析，确定加工内容及技术要求。

（3）安排好数控加工工序，包括：工步的划分、工件的定位、夹具与刀具选择、切削用量的确定等。

（4）做好特殊工艺的处理，如对刀点、换刀点的选择，加工路线的确定，刀具补偿的确定等。

（5）编写工艺文件，如对零件图纸的数字处理，编写加工程序单，按程序单制作控制介质等。

一、数控加工内容的选择

数控加工前对工件进行工艺设计是必不可少的准备工作。无论是手工编程还是自动编程，在编程前都要对所加工的工件进行工艺分析、拟定工艺路线、设计加工工序。因此，合理的工艺设计方案是编制加工程序的依据，工艺设计做不好是数控加工出差错的主要原因之一，往往造成工作反复，工作量成倍增加的后果。所以，编程人员必须首先搞好工艺设计，再考虑编程。

当选择并决定对某个零件进行数控加工后，并非其全部加工内容都采用数控加工，数控加工可能只是零件加工工序中的一部分。因此，有必要对零件图样进行仔细分析，立足于解决难题、提高生产效率，注意充分发挥数控加工的优势，选择那些最适合、最需要的内容和工序进行数控加工。一般可按下列原则选择数控加工内容。

◆ 普通机床无法加工的内容应作为优先选择内容。

◆ 普通机床难加工，质量也难以保证的内容应作为重点选择内容。

◆ 普通机床加工效率低，工人手工操作劳动强度大的内容，可在数控机床尚有加工能力的基础上进行选择。

相比之下，下列一些加工内容则不宜选择数控加工。

◆ 需要用较长时间占机调整的加工内容。

◆ 加工余量极不稳定，且数控机床上又无法自动调整零件坐标位置的加工内容。

◆ 不能在一次安装中加工完成的零星分散部位，采用数控加工很不方便，效果不明显，可以安排普通机床补充加工。

此外，在选择数控加工内容时，还要考虑生产批量、生产周期、工序间周转情况等因素，要尽量合理使用数控机床，达到产品质量、生产率及综合经济效益等指标都明显提高的目的，要防止将数控机床降格为普通机床使用。

二、数控加工零件的工艺分析

工艺分析是对零件进行数控加工的前期工艺准备工作，数控机床加工中所有工步的刀具选择、走刀轨迹、切削用量、加工余量等都要预先确定好并编入加工程序。一个合格的程序员首先是一个好的工艺员，他应该对数控机床的性能、特点和应用、切削规范和标准工具系统等要非常熟悉，否则就无法做到全面、周到地考虑加工的全过程，并正确、合理地编制零件的加工程序。

1. 零件图和装配图的分析

首先认真地分析与研究产品的零件图和装配图，熟悉整个产品的用途、性能和工作条件，了解零件在产品中的作用、位置和装配关系，搞清各项技术要求对装配质量和使用性能的影响，找出主要的和关键的技术要求，然后对零件图样进行分析。

（1）零件图的完整性与正确性分析

零件的视图应足够、正确及表达清楚，并符合国家标准，尺寸及有关技术要求应标注齐全，几何元素（点、线、面）之间的关系（如相切、相交、垂直、平行等）应明确。

（2）零件技术要求分析

零件的技术要求主要指尺寸精度、形状精度、位置精度、表面粗糙度及热处理等。这些技术要求在保证零件使用性能的前提下应经济合理。

（3）尺寸标注方法分析

零件图上的尺寸标注方法有局部分散标注法、集中标注法和坐标标注法等。对在数控机床上加工的零件，零件图上的尺寸在加工精度能够保证使用性能的前提下，可不必用局部分散标注法，应采用集中标注或以同一基准标注，即标注坐标尺寸。这样，既便于编程，又利于设计基准、工艺基准与编程原点的统一。

（4）零件材料分析

在满足零件功能的前提下应选用廉价的材料。材料选择应立足于国内，不要轻易选用国外贵重及紧缺的材料。

2. 零件的结构工艺性分析

各种类型表面的不同组合构成了零件不同的特点，对零件的加工工艺将产生重要影响。例如，以圆柱面为主的表面，既可组成轴、盘类零件，也可构成套、环类零件；对于轴而言，既可以是粗而短的轴，也可以是细长的轴。由于这些零件的结构特点不同，使其加工工艺出现很大的差异。同样，对于使用性能相同而结构不同的两个零件，它们的制造工艺和制造成本也可能有很大差别。

人们把零件在满足使用要求的前提下所具有的制造可行性和加工经济性叫做零件的结构工艺性。好的结构工艺性会使零件加工容易，节省工时，节省材料。差的结构工艺性会使加工困难，浪费工时，浪费材料，甚至无法加工。

因此，在对零件进行结构工艺性分析时，应注意充分领会产品使用要求和设计人员的设计意图，不应孤立地看问题，遇到工艺问题和设计要求相矛盾时，必须共同磋商以解决问题。

为了多快好省地把所设计的零件加工出来，就必须对零件的结构工艺性进行详细的分析。应主要考虑如下几方面问题。

◆ 有利于达到所要求的加工质量；

◆ 有利于减少加工劳动量；

◆ 有利于提高劳动生产率。

任务四　手动编程

铣削外形轮廓，使用 D10 平底刀进行加工操作，编程的下刀点及零件图如图 1-15 所示，并设置 R4 圆弧作 180°进退刀（不考虑刀补）。参考程序如下：

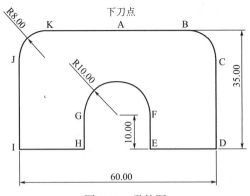

图 1-15　零件图

%	（程序开始）
G40 G17 G49 G80 G90	（初始化）
G0 G90 X26. Y45. S3000 M03	（机床快速定位到 X26Y45 位置，同时主轴正转启动）
Z30.	（刀具提高至安全高度值 30）
G1 Z-1.0 F250. M08	（机床直线插补至零件加工深度，慢速进给，同时冷却液开）
Y44.	（Y 坐标值）
G3 X30. Y40. R4.	（机床开始加工，逆时针圆弧进刀到 A 点）
G1 X52.	（直线进刀到 B 点）
G2 X65. Y27. R13.	（圆弧进刀到 C 点）
G1 Y0.0	（走直线进刀到 D 点）
G2 X60. Y-5. R5.	（顺时针圆弧进刀）
G1 X40.	（走直线进刀到 E 点）
G2 X35. Y0.0 R5.	（顺时针圆弧进刀）
G1 Y10.	（走直线进刀到 F 点）
G3 X25. R5.	（逆时针进刀到 G 点）
G1 Y0.0	（走直线进刀到 H 点）
G2 X20. Y-5. R5.	（走顺时针圆弧进刀）
G1 X0.0	（走直线进刀到 I 点）
G2 X-5. Y0.0 R5.	（顺时针圆弧进刀）
G1 Y27.	（走直线进刀到 J 点）
G2 X8. Y40. R13.	（圆弧进刀到 K 点）
G1 X30.	（走直线进刀到 A 点）
G3 X34. Y44. R4.	（走逆时针退刀）
G0 Y45.	（走直线退刀至退刀点）
Z30.	（刀具提高至安全高度值）
M09	（冷却液关）
M30	（程序结束）
%	

想想练练

1. 填空题

（1）数控编程由_____完成。

（2）CAD 是指_____。

（3）CAM 是指_____。

（4）切削用量包括_____。

（5）切削用量的切削方法是_____。

2. 选择题

（1）下列哪一软件为中国自主开发的（　　　）。

    A. UG   B. Pro/Engineer   C. CAXA   D. MasterCAM

（2）粗铣余量为（　　　）。

    A. 0.1～0.3mm   B. 0.3～0.5mm

    C. 0.5～1mm   D. 0.05～0.1mm

（3）进给速度的关系式为（　　　）。

    A. $V_f=f_z Z_n$ B. $V=\pi D_n/1000$

    C. $V_f=\pi D_n/1000$ D. $V=f_z Z_n$

3. 简答题

（1）UG CAM 编程流程是什么？

（2）UG CAM 的独到之处有哪些？

（3）UG CAM 是如何管理刀具的？

（4）UG 如何获取 CAD 模型？

项目二　UG NX 加工模块基础知识

本项目通过学习 UG NX 加工模块基础知识，了解加工模块的启动、编程的一般步骤，导航器的概念及应用，掌握用户模板的设置、加工程序的创建、父节点的创建、刀轨后处理等。

☆ 了解加工模块的启动；
☆ 掌握用户模板的设置；
☆ 掌握加工程序的创建；
☆ 掌握父节点的创建；
☆ 刀轨后处理。

任务一　UG 编程的一般步骤及加工模块启动

一、UG CAM 典型编程流程

UG CAM 典型编程流程及操作方法如图 2-1 所示。

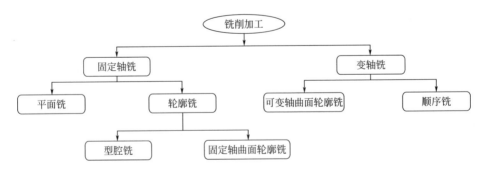

图 2-1　UG CAM 典型编程流程

二、获取 CAD 模型

可直接利用 UG 建模功能建立 CAD 模型，还可以利用其他三维软件建立（如 Pro/E、Casta、SolidEdge 等），并经过文件的转换而获取。

三、填写程序单

CNC 程序加工单如表 2-1。

表 2-1　CNC 加工程序单

CNC 加工程序单				加工简图		
模具编号	01	编程日期	2008-8-10	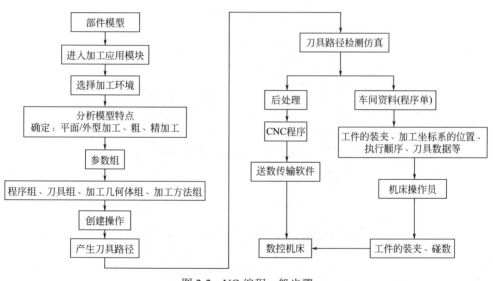		
加工编号	02	跟模组长				
加工内容	铣型腔	编程人员				
加工数量	1 件	测量部位				
加工尺寸	230×190×40	测量尺寸				
对刀位置	顶为 0					
序号	刀具	方法	刀长	加工深度	加工余量	备注
T1	D12	粗铣	5	−15	0.5	
T2	D6	粗铣	5	−15	0.5	
T3	D4R2	半精	5	−15	0.3	

四、UG CAM 的编程步骤

UG CAM 的编程步骤如图 2-2 所示。

图 2-2　UG 编程一般步骤

操作技能

UG 的加工环境启动步骤如下。

步骤 1：运行 UG NX8.5 软件。

步骤 2：选择主菜单的【文件】|【打开】命令，或单击工具栏的图标 按钮，系统将弹出【打开部件文件】对话框，在此找到放置练习文件夹 ch2 并选择 exe1.prt 文件，再单击 确定 进入 UG 加工界面。此时，文件中除了部件模型外没有任何 CAM 数据，如图 2-3 所示。

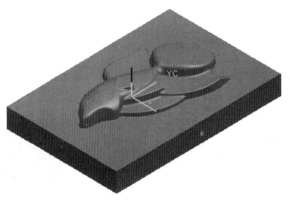

图 2-3　2D 模型

步骤 3：在标准工具栏中选择【开始】|【加工】命令进入加工模块，系统弹出加工环境对话框，如图 2-4 所示。

◆ 在【CAM 会话配置】列表中选择【cam_general】环境；

◆ 在【要创建的 CAM 设置】列表中选择【mill_planar】环境，并单击 确定 ，这样就进入了【cam_general】加工环境。

图 2-4　CAM 加工环境对话框

任务二　工序导航器及应用

理论知识

一、工序导航器概述

工序导航器是一种图形用户界面（GUI），它使用户能够管理当前部件的操作和操作参数。

工序导航器使用户能够指定在操作间共享的参数组。

当工序导航器位于资源条上时，左上角会有一个图钉图标，单击此图钉，可以固定工序导航器，如图 2-5 所示。

工序导航器可以通过编辑、剪切、复制、删除或重命名等操作来管理复杂的编程刀路选项。如果能熟练应用工序导航器的操作功能，不仅能提高编程速度，还能提高编程刀路的质量和链接性。在工序导航器中任意选择某一对象，单击鼠标右键，系统将弹出编辑菜单。用户可以根据个人的需要选择对应的对象进行编辑和修改，如图 2-6 所示。

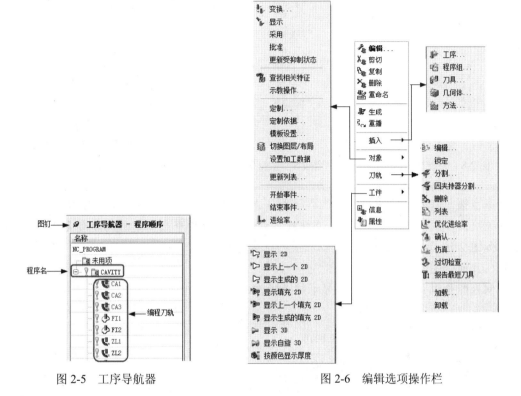

图 2-5　工序导航器　　　　　　　　　　图 2-6　编辑选项操作栏

二、程序顺序视图

程序顺序视图中按加工顺序列出了所有操作。该视图可帮助用户根据创建时间对设置中的所有操作进行分组，如需要更改操作的顺序，则可以轻松地对某一程序进行拖放。当使用程序顺序视图时，用户可以进行更改，检查操作顺序，同时输出到后续处理器时而不更改视图。在程序顺序视图中 NC_PROGRAM 和 不使用的项两个节点是系统自定的，不可修改和删除，如图 2-7 所示。

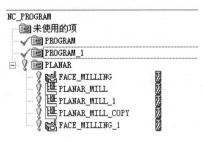

图 2-7　程序视图对话框

三、刀具视图

刀具视图是以刀具为主线来显示加工操作，如图 2-8 所示。

  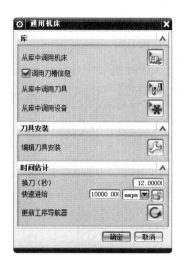

图 2-8　刀具视图对话框　　　　图 2-9　快捷选项　　　　图 2-10　通用机床对话框

专家点拨：在刀具视图选项中选取GENERIC_MACHINE选项，并同时单击鼠标右键时，系统会弹出相关快捷方式，如图 2-9 所示，在快捷方式中单击 **编辑** 选项，系统弹出【通用机床】对话框，如图 2-10 所示，在此可以选取相关的机床参数。

四、几何视图

几何视图是以几何体为主线来显示加工操作，如图 2-11 所示。

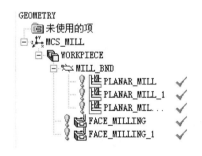

图 2-11　几何视图对话框

五、方法视图

方法视图可以帮助用户根据其加工方法而对操作进行分组。例如，铣、钻、车、粗加工、半精加工、精加工。如果要进行编辑时，可以快速查看每个操作中使用的方法，然后根据相关要求，进行相关的编辑。

使用方法视图可以一次更改多个操作的方法信息。比如，要更改所有粗加工操作的切削颜色，则可以在 MILL_ROUGH选项中进行相关参数的更改，同时 MILL_ROUGH方法中的所有操作均会继承新的颜色。这样比起逐个更改显示选项更容易、更方便、更快捷，加工方法视图如图 2-12 所示。

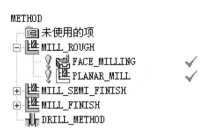

图 2-12　加工方法对话框

一、工序导航器的应用

步骤 1：运行 UG NX8.5 软件。

步骤 2：选择主菜单的【文件】|【打开】命令，或单击工具栏图标 按钮，将弹出【打开部件文件】对话框，在此找到放置练习文件夹 ch2 并选择 exe2.prt 文件，单击 确定 进入 UG 加工主界面，显示结果如图 2-13 所示。

步骤 3：单击资源条中的操作选项卡 ，系统弹出工序导航器页面，此时在工序导航器中可以看到【NC PROGRAM】中已经有了一个名为 PROGRAM 的程序名，如图 2-14 所示。

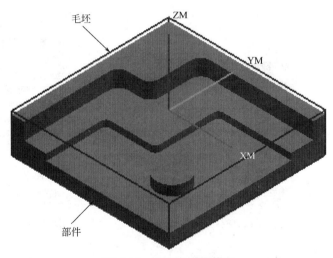

图 2-13　部件和毛坯模型

◆ 在 PROGRAM 程序名中单击鼠标右键，系统弹出快捷工具条，如图 2-15 所示。

◆ 在快捷工具条中单击 重命名选项，接着输入 PLANAR，重命名结果如图 2-16 所示。

步骤 4：在加工工序导航器空白处单击鼠标右键，系统弹出快捷工具条，如图 2-17 所示。

◆ 在快捷工具条中单击 几何视图选项，系统显示几何体视图，如图 2-18 所示。

◆ 在 MCS_MILL 选项中单击+号，系统会显示几何体相关对象，如图 2-19 所示。

步骤 5：在工序导航器空白处单击鼠标右键，系统弹出快捷工具条，如图 2-17 所示。

图 2-14　程序名

图 2-15　快捷工具条

图 2-16　程序重命名结果

图 2-17　快捷工具条　　　　　图 2-18　几何体视图　　　　　图 2-19　几何体视图展开结果

◆ 快捷工具条中单击 加工方法视图选项，系统显示加工方法视图，如图 2-20 所示，在此不做任何更改，完成工序导航器应用操作。

二、创建程序节点

步骤 1：运行 UG NX8.5 软件。

步骤 2：选择主菜单的【文件】|【打开】命令，或单击工具栏图标 按钮，将弹出【打开部件文件】对话框，在此找到放置练习文件夹 ch2 并选择 exe2.prt 文件，单击 确定 进入 UG 加工主界面，显示结果如图 2-21 所示。

步骤 3：在【刀片】工具条中单击图标 按钮，系统弹出【创建程序】对话框，如图 2-22 所示。

图 2-20　加工方法视图

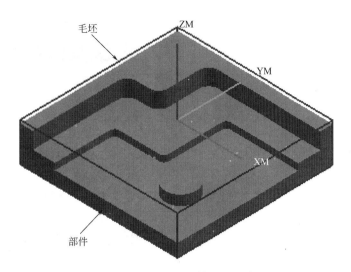

图 2-21　部件和毛坯模型

图 2-22　创建程序对话框

图 2-23　创建程序结果

◆ 在 类型 ▼ 下拉选项中选取 mill_contour ▼ 选项。

◆ 在 名称 ▼ 文本框中输入 core，其余参数按系统默认，单击两次 确定 完成创建程序操作，此时在加工工序导航器中显示两个程序名，如图 2-23 所示。

三、刀具的创建

UG 系统提供的刀具类型具有灵活性和实用性，用户可以通过【创建刀具】对话框创建相关刀具，如图 2-24 所示。UG 铣加工主要的铣刀类型有 5 参数铣刀、7 参数铣刀、10 参数铣刀，如图 2-25 所示。

图 2-24　创建刀具对话框

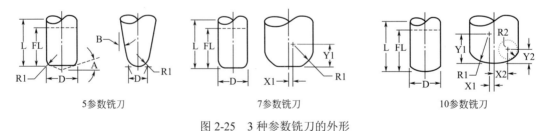

5参数铣刀　　　　　　　　7参数铣刀　　　　　　　　10参数铣刀

图 2-25　3 种参数铣刀的外形

步骤 1：运行 UG NX8.5

步骤 2：选择下拉菜单【文件】|【新建】命令，或单击工具栏图标 按钮，系统将弹出【新建文件】对话框，如图 2-26 所示，在【名称】文本框中输入 tool，其余参数按系统默认，单击 确定 按钮进入 UG 建模界面。

步骤 3：在标准工具栏中选择【起始】|【加工】命令，进入加工模块。

步骤 4：在【工序导航器】中选择【刀具视图】按钮 ，此时【刀具视图】中没有任何刀具，如图 2-27 所示。

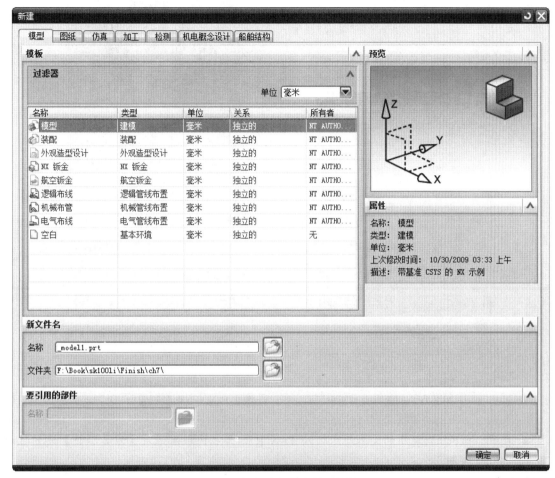

图 2-26　新建部件文件对话框

工序导航器 - 机床

名称
GENERIC_MACHINE
└─ 未用项

图 2-27　刀具视图对话框

步骤 5：单击【刀片】工具栏中的【创建刀具】按钮 ，系统弹出【创建刀具】对话框，如图 2-28。

◆ 在 类型 下拉列表中选择 mill_planar 选项。

◆ 在 刀具子类型 下拉列表中单击图标 按钮。

◆ 在 位置 下拉列表中选择【GENGRIC_MACHINE】选项。

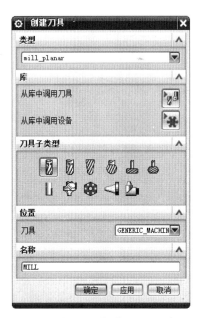

图 2-28　创建刀具对话框

图 2-29　刀具参数设置对话框

◆ 在 名称 ∨ 下拉列表中的文本框中输入 D25_R5，单击 确定 进入【刀具参数】设置对话框，如图 2-29 所示。

专家点拨：刀具名称应当反映刀具的主要参数和形式，因此在【名称】中输入的数据尽量与刀具设置的参数保持一致。

步骤 6：在【刀具参数】对话框中设置如下参数。

◆ 在【直径】文本框中输入 25。

◆ 在【下半径】文本框中输入 5，其余参数按系统默认，单击 确定 按钮完成【创建刀具】操作，然后会在加工导航器中显示如图 2-30 所示创建刀具的结果。

（注：不要关闭，下一实例将继续使用）

图 2-30　刀具创建结果

四、从刀库创建刀具

用户除了可以自己创建刀具，还可以直接从刀库创建刀具，下面通过一个练习让读者掌握从刀库创建刀具的方法，这个实例是创建一把直径为 20mm、刀刃长度为 22mm、材料是 Carbide（brazed，solid）的平底刀具。

步骤 1： 接上一实例。

步骤 2： 在【刀片】工具栏中单击图标 按钮，系统弹出【创建刀具】对话框，如图 2-28 所示。

◆ 在 类型 ∨ 下拉列表中选择 mill_planar ∨ 选项。

◆ 在 库 ∨ 下拉列表中单击从库中调用刀具图标 按钮，系统弹出【库类选择】对话框，如图 2-31 所示。

步骤 3： 在【库类选择】对话框中单击 ⊞ 铣加号，接着双击端铣（不可转位）选项，系统弹出【搜索准则】对话框，如图 2-32 所示。

图 2-31　库类选择对话框

图 2-32　搜索准则对话框

◆ 在**库号**文本框中输入ugt0201_136。

◆ 在(D) **直径**文本框中输入 20，其余参数按系统默认，单击匹配数图标 [?] 按钮，系统显示计算匹配数 1，如图 2-33 所示。单击 [确定] 系统弹出【搜索结果】对话框，如图 2-34 所示，在【搜索结果】对话框中选取这把唯一符合要求的刀具，单击 [确定] 完成从刀库选取刀具操作。

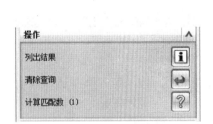

图 2-33　搜索刀具结果　　　　　　　　　图 2-34　搜索结果对话框

五、修改刀具参数

步骤 1： 运行 UG NX8.5 软件。

步骤 2： 选择主菜单的【文件】|【打开】命令，或单击工具栏图标 [📂] 按钮，将弹出【打开部件文件】对话框，在此找到放置练习文件夹 ch2 并选择 exe3.prt 文件，单击 [OK] 进入 UG 加工主界面。此时，文件中有预先设置好的刀具，如图 2-35 所示。

图 2-35　预先设置好的刀具

步骤 3： 在 [🔧] MILL刀具对象中单击右键，系统弹出快捷工具条，如图 2-36 所示。

◆ 在快捷工具条中选取 [🔲] 重命名选项，接着输入 D12，完成刀具重命名操作，结果如图 2-37 所示。

◆ 在 [🔧] D12刀具对象中单击右键，接着在快捷工具条中选取 [🔧] **编辑**选项或双击 [🔧] D12刀具对象，系统弹出【刀具参数】设置对话框，如图 2-38 所示。

◆ 在(D) **直径**文本框中输入 12。

◆ 在**刀刃**文本框中输入 4，其余参数按系统默认，单击 [确定] 完成刀具参数编辑操作。

图 2-36　快捷工具条　　　　图 2-37　刀具重命名结果　　　　图 2-38　刀具参数设置对话框

任务三　几　何　体

理论知识

一、几何体应用

几何体主要用来定义 MCS 坐标系、部件几何体、毛坯几何体、检查几何体、修剪几何体、底平面。

二、MCS 坐标

机床坐标系 (MCS) 决定方位组中各项工序的刀轨方位和原点，工作坐标系 (WCS) 决定大部分输入参数，例如出发点、安全平面、刀轴等。

MCS 的初始位置与绝对坐标系匹配。MCS 是每个方位组（例如 MCS、MCS_MILL）定义加工部件所需要的，如果移动 MCS 则可为后续刀轨输出点重新建立基准位置。MCS 有以下特性：

29

◆ 它存储了"参考坐标系"(RCS);

◆ 它可存储安全平面、下限平面和避让点;

◆ 在 MCS 父项下存储的工序继承 MCS 父项中指定的参数;

◆ 不必为反映新的方位或原点而生成从一个 MCS 移动到另一个 MCS 的工序。

三、部件几何体与毛坯几何体

1. 部件几何体

部件几何体用于指定粗加工和精加工工序要加工的几何体,我们可以指定表示加工过的部件的完整几何体集或加工过的部件的截面。

为避免碰撞和过切,应当选择整个部件(包括不切削的面)作为部件几何体,然后使用指定切削区域和指定修剪边界来限制要切削的范围。

2. 毛坯几何体

使用"毛坯几何体"指定要从中切削的材料,如锻造或铸造。通过从最高的面向上延伸切削到毛坯几何体的边,可以快速轻松地移除部件几何体特定层上方的材料。

四、检查几何体与修剪边界

使用"检查几何体"可指定刀具避让开装夹对象,防止撞刀。修剪边界用来定义加工范围,以便刀轨更优化。

 操作技能

一、创建机床坐标系

步骤 1: 运行 UG NX8.5 软件。

步骤 2: 选择主菜单的【文件】|【打开】命令,或单击工具栏图标 按钮,将弹出【打开部件文件】对话框,在此找到放置练习文件夹 ch2 并选择 exe4.prt 文件,单击 确定 进入 UG 加工界面,如图 2-39 所示。

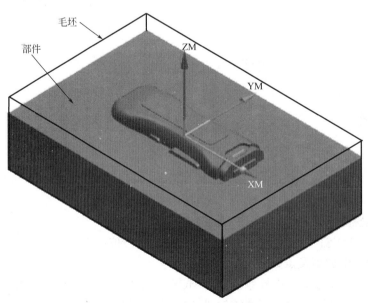

图 2-39 部件和毛坯模型

步骤 3：在加工工序导航器空白处单击右键，系统弹出快捷工具条，如图 2-40 所示。

◆ 在快捷工具条中单击选项，此时加工工序导航器中显示几何体视图，同时读者可以看到几何体视图中只有系统默认的父节点GEOMETRY和  不使用的项，如图 2-41 所示。

图 2-40 快捷工具条

图 2-41 几何体视图

步骤 4：在【刀片】工具条中单击图标 按钮，系统弹出【创建几何体】对话框，如图 2-42 所示。

◆ 在 类型 下拉列表中选择 mill_contour 选项。

◆ 在 几何体子类型 下拉选项中单击图标 按钮。

◆ 在 位置 下拉列表中选择 GEOMETRY。

◆ 在 名称 文本框中输入 MCS_MILL，单击 应用 系统弹出【MCS】对话框，如图 2-43 所示。

图 2-42 创建几何体对话框

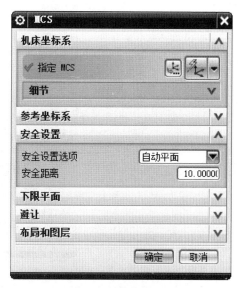

图 2-43 MCS 对话框

步骤 5：在作图区选取毛坯顶面为 MCS 放置面，如图 2-44 所示，其余参数按系统默认，单击 确定 完成 MCS 坐标系的创建，结果如图 2-45 所示，同时在加工工序导航器中显示 MCS 创建结果，如图 2-46 所示。

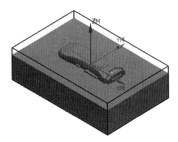

图 2-44　MCS 原始放置面

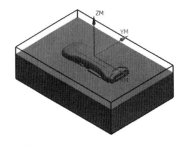

图 2-45　创建 MCS 结果

图 2-46　MCS 显示结果

（注：不要关闭，下一实例将继续使用）

二、创建部件与毛坯

步骤 1：接上一实例。

步骤 2：在【刀片】工具栏中单击图标 按钮，系统弹出【创建几何体】对话框，如图 2-43 所示。

◆ 在 类型 ▼ 下拉列表中选择 mill_contour 选项。

◆ 在 几何体子类型 ▼ 下拉选项中单击图标 按钮。

◆ 在 位置 ▼ 下拉列表中选择 MCS_MILL ▼。

◆ 在 名称 ▼ 文本框中按系统内定的名称 MILL_GEOM，单击 确定 按钮，系统弹出【铣削几何体】对话框，如图 2-47 所示。

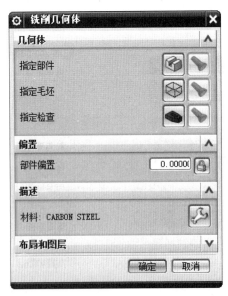

图 2-47　铣削几何体对话框

步骤 3：在【铣削几何体】对话框中设置如下参数。

◆ 在指定部件处单击图标 按钮，系统弹出【部件几何体】对话框，如图 2-48 所示，接着在作图区选取部件模型，其余参数按系统默认，单击 确定 完成部件几何体操作。

◆ 在指定毛坯处单击图标 按钮，系统弹出【毛坯几何体】对话框，如图 2-49 所示，接着在作图区选取毛坯模型，单击 确定 完成毛坯模型操作，再单击 确定 完成几何体创建操作，在几何体视图中显示创建的几何体对象，结果如图 2-50 所示。

（注：不要关闭，下一实例将继续使用）

图 2-48　部件几何对话框

图 2-49　毛坯几何体对话框

图 2-50　创建几何体结果

任务四　创建方法与刀轨

 理论知识

一、创建方法

创建方法是用于设置粗加工、半精加工以及精加工的参数，如加工余量、公差、进给量、转速等。

二、刀轨

1. 刀轨的状态符号

在刀轨创建过程中，加工导航器中会显示刀轨创建情况，如下所示：

⊘：表示有刀具路径，但刀轨经过编辑后没有进行更新，需要重新生成一次；

：表示刀轨已生成，但未经过后置处理，需要后处理；

✔：表示刀轨已生成，并经过后置处理，可以直接与机床连动。

2. 刀轨的仿真

刀轨路径的仿真主要用来加工过程中进行切削仿真检查。仿真方式有重播、2D 动态、3D 动态 3 种方式。

3. 过切检查

过切检查主要用来对加工过程中是否存在过切进行检查。

操作技能

一、创建方法

步骤 1： 接上一实例。

步骤 2： 在【刀片】工具栏中单击图标▦按钮，系统弹出【创建方法】对话框，如图 2-51 所示。

- ◆ 在 类型 ▼ 下拉列表中选择 mill_contour ▼ 选项。
- ◆ 在 方法子类型 ▼ 下拉选项中单击图标▦按钮。
- ◆ 在 位置 ▼ 下拉列表中选择 METHOD ▼ 选项。
- ◆ 在 名称 ▼ 文本框中输入 MILL_R，单击 应用 系统弹出【铣削方法】对话框，如图 2-52 所示。

图 2-51　创建方法对话框

图 2-52　铣削方法对话框

步骤 3： 在【铣削方法】对话框中设置如下参数。

- ◆ 在 部件余量 文本框中输入 0.5。
- ◆ 在 刀轨设置 ▼ 下拉选项单击图标▦按钮，系统弹出【进给】对话框，如图 2-53 所示。
- ◆ 在 切削 文本框中输入 1200，其余参数按系统默认，单击 确定 完成进给操作，并返回【铣削方法】对话框，再单击 确定 完成铣削方法操作，结果如图 2-54 所示。
- ◆ 依照上述操作，读者完成粗加工参数和精加工参数操作，最终结果如图 2-55 所示。

图 2-53　进给对话框

图 2-54　粗加工方法创建

图 2-55　加工方法创建结果

二、刀具路径生成与验证

步骤 1：运行 UG NX8.5 软件。

步骤 2：选择主菜单的【文件】|【打开】命令，或单击工具栏图标 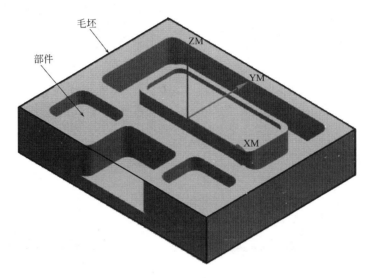按钮，将弹出【打开部件文件】对话框，在此找到放置练习文件夹 ch2 并选择 exe5.prt 文件，单击 确定 进入 UG 加工界面，如图 2-56 所示。

毛坯

部件

ZM

YM

XM

图 2-56　部件与毛坯模型

步骤 3：在【刀片】工具栏中单击图标 按钮，系统弹出【创建操作】对话框，如图 2-57 所示。

◆ 在 类型 下拉列表中选择 mill_planar 选项。

◆ 在 操作子类型 下拉列表中单击图标 按钮。

◆ 在 位置 下拉列表中选取 PROGRAM 选项。

◆ 在 刀具 下拉列表中选取 D16 选项。

◆ 在 几何体 下拉列表中选取 MILL_BND 选项。

在 方法 下拉列表中选取 MILL_ROUGH 选项，其余参数按系统默认，单击 确定 系统弹出【平面铣】对话框，如图 2-58 所示。

步骤 4：在【平面铣】对话框中设置如下参数。

◆ 在 切削层 中单击图标 按钮，系统弹出【切削深度参数】对话框，如图 2-59 所示。

◆ 在 最大值 文本框中输入切削深度数值，其余操作参数按默认设置，单击 确定 完成切削层操作，同时系统返回【平面铣】对话框。

◆ 在 操作 下拉选项中单击图标 按钮，系统开始计算刀轨，最终生成刀轨如图 2-60 所示，单击 确定 完成刀具路径的计算及生成操作。

专家点拨：在生成平面铣刀轨时，最好先设置好父节点，这样可以减少不必要的重复工作。其中父节点包括：程序视图、机床视图、几何体视图、加工方法。

图 2-57　创建操作对话框

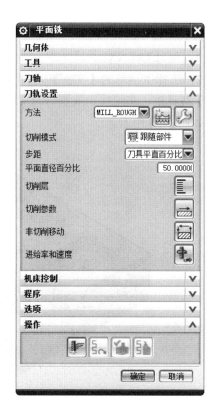

图 2-58　平面铣对话框

图 2-59　切削深度参数对话框

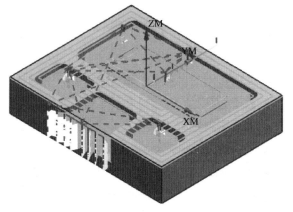

图 2-60　刀轨生成结果

步骤 5：在【加工操作】工具栏中单击图标 按钮，系统弹出【刀轨可视化】对话框，如图 2-61 所示。

◆ 在【刀轨可视化】对话框中单击 2D 动态 按钮，接着单击图标 ▶ 按钮，系统开始进行仿真验证加工，2D 仿真结果如图 2-62 所示。

◆ 依照上述操作，在【刀轨可视化】对话框中单击 3D 动态 按钮，最终仿真结果如图 2-63 所示。(注：不要关闭，下一实例将继续使用)

专家点拨：在利用【加工操作】工具栏中的命令时，则应该先在加工导航器中激活一个对象，否则【加工操作】工具栏中的命令是灰色的，不能使用。

图 2-61　刀轨可视化对话框

图 2-62　2D 仿真加工结果

图 2-63　3D 仿真加工结果

三、过切检查

步骤 1： 在【加工操作】工具条中单击图标 按钮，系统弹出【过切检查】对话框，如图 2-64 所示。

图 2-64　过切检查对话框

步骤 2： 单击 确定 系统将弹出【过切检查】信息栏，如图 2-65 所示。单击关闭图标 按钮，完成过切检查操作。

◆ 检查刀具夹持器碰撞：用来检查刀柄是否和工件干涉，如果干涉则会警告。

◆ 第一次过切时暂停：信息栏显示的信息是第一次过切的警告，如图 2-66 所示。

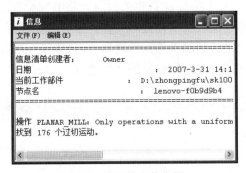

图 2-65　过切检查信息栏

图 2-66　第一次过切警告

任务五 刀具路径后处理

理论知识

一、后处理

UG NX 软件系统在数控加工编程方面是目前市场上功能最强的集成系统，其加工编程功能包括3～5轴铣削加工编程、车削加工编程、线切割加工编程等。

使用 UG NX 加工模块生成刀轨后，其中会包含 GOTO 点和其他机床控制的指令信息。由于不同的机床控制系统对 NC 程序格式有着不同的要求（数控机床的控制器不同，所使用的 NC 程序格式就不一样），这些 UG NX 刀轨源文件也就不能直接被控制系统所使用，因此 UG NX/CAM 中的刀轨必须经过处理，转换成特定机床控制器能接受的 UG NC 程序格式，这一处理过程就是"后处理"。

二、后处理编辑器

UG NX 提供了一个性能优异的后处理工具——UG NX/Post，利用它可以在 UG NX CAM 中生成的零件加工刀轨为输入，并输出符合机床控制系统要求的 NC 代码。用户可以通过 UG NX/Post 建立和机床控制系统相关的事件处理文件和事件定义文件，然后通过 UG NX 整合在一起，完成简单或任意复杂机床的后处理。

图 2-67 显示了 UG NX 后处理的过程。刀轨源文件数据通过后处理转换成机床控制系统可以接受的格式。事件生成器、事件处理文件和事件定义文件是相互关联作用的，它们结合在一起，把 UG NX 刀轨源文件处理成机床可接受的文件。

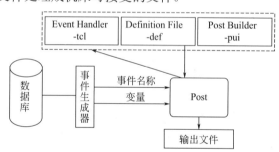

图 2-67 后处理原理图

三、加工输出管理器

加工输出管理器（Manufacturing Output Manager，MOM）是一个应用程序，UG NX/Post 用它来启动后处理，将内部刀轨数据加载给解释程序，并打开.tcl 文件和.def 文件。

事件生成器循环读取刀轨源文件中的每一个事件及其相关信息，将其交给加工输出管理器，由加工输出管理器再将其数据和相关信息加载给事件处理文件，来分类处理每一个事件。

事件处理器将经过处理的每个事件的结果传回加工输出管理器，与此同时，加工输出管理器会将传回的结果交给事件定义文件，由它来决定最终输出的数据格式。

操作技能

一、UG 后处理

步骤 1：运行 UG NX8.5 软件。

步骤 2：选择主菜单的【文件】|【打开】命令，或单击工具栏图标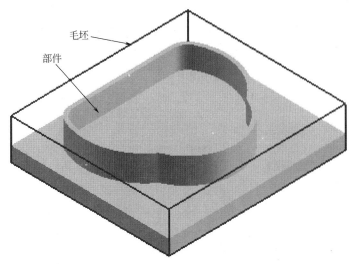按钮，将弹出【打开部件文件】对话框，在此找到放置练习文件夹 ch2 并选择 exe6.prt 文件，单击 确定 进入 UG 加工界面，如图 2-68 所示。

毛坯

部件

图 2-68 部件与毛坯模型

步骤 3：在加工导航器中选取 PL1程序为后处理程序。

步骤 4：在【加工操作】工具条中的图标 按钮，系统弹出【后处理】对话框，如图 2-69 所示。

◆ 在 后处理器 ▼ 下拉列表中选取 mill3ax 处理器，其余参数按系统默认，单击 确定 完成后处理操作，同时系统弹出后处理信息栏，如图 2-70 所示。

（注：不要关闭，下一实例将继续使用）

图 2-69 后处理对话框

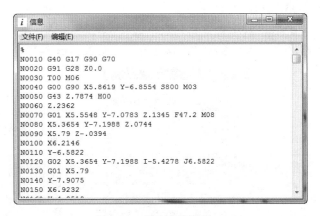

图 2-70 后处理信息栏

专家点拨：对于实际生产，则应定制与自己公司的机床相对应的后处理（可用 UG 软件中的 Postbuilder 创建自己的后处理），设置好的后处理用于实际加工时，先要进行全面测试与仿真，在确保无误时方可与机床联机加工。

二、车间文档输出

步骤 1：接上一实例。

步骤 2：在【加工操作】工具条中单击 ![图标] 图标按钮，系统弹出【车间文档】对话框，如图 2-71 所示。

◆ 在 ![报告格式▼] 下拉列表中选取Tool List Select (HTML/Excel)格式，其余参数按系统默认，单击 ![确定] 完成车间文档输出操作，系统弹出网页窗口，结果如图 2-72 所示。

（注：不要关闭，下一实例将继续使用）

图 2-71　车间文档对话框

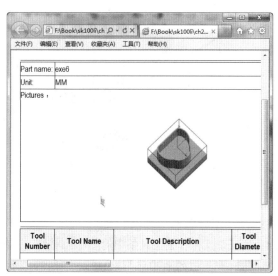

图 2-72　网页窗口

专家点拨：在网页页面中显示了相关的刀具大小、加工余量等信息。

三、CLSF 方式后处理

步骤 1：接上一实例。

步骤 2：在【加工操作】工具条中单击 ![图标] 图标按钮，系统弹出【输出 CLSF】对话框，如图 2-73 所示。

◆ 在 ![报告格式▼] 下拉列表中选取CLSF_ISO格式，其余参数按系统默认，单击 ![确定] 完成车间文档输出操作，系统弹出信息窗口，结果如图 2-74 所示。

图 2-73　CLSF 输出对话框

图 2-74　CLSF 信息栏

想想练练

1. 填空题

（1）UG 加工环境_____。

（2）UG CAM 可以_____编制加工程序。

（3）UG 加工模块一共包括_____4 种工具条。

（4）操作导航器包括_____4 种视图。

2. 选择题

（1）安全平面是指刀具在_____的运行过程中（　　　　）。

    A. G0   B. G1   C. G2   D. G3

（2）刀具路径仿真主要包括（　　　　）。

    A. 重播   B. 2D 动态   C. 3D 动态   D. 生成

（3）机床坐标系是用来确定_____的基本坐标系（　　　　）。

    A. 工件坐标系   B. 绝对坐标系   C. 相对坐标系   D. 工作坐标系

3. 简答题

（1）简单叙述 UG 编程的一般步骤。

（2）安全平面有什么作用？

（3）机床坐标系的作用是什么？

（4）后处理的定义是什么？

（5）加工几何体包括哪几种？

项目三　切削模式与步进设置

本项目通过相关案例介绍，掌握往复式切削、单向式切削、跟随部件和跟随周边等切削模式的应用，同时掌握恒定步进、可变步进等步进的设置。

项目学习目标

☆ 掌握往复式切削方式；
☆ 掌握单向式切削方式；
☆ 掌握跟随周边和跟随部件切削方式；
☆ 能进行步距设置。

任务一　切削模式

切削模式是用于决定刀轨的样式，其中平面铣有 8 种切削方式，型腔铣有 7 种切削模式。本项目任务将专门介绍平面铣的切削模式及步进设置操作。

一、单向切削

单向切削可创建一系列沿一个方向切削的直线平行刀路。"单向"将保持一致的"顺铣"或"逆铣"切削，并且在连续的刀路间不执行轮廓切削，除非指定的"进刀"方式要求刀具执行该操作。

二、往复切削

往复切削创建一系列平行直线刀路，彼此切削方向相反，但步进方向一致。此切削类型通过允许刀具在步进时保持连续的进刀状态来使切削移动最大化。切削方向相反的结果是交替出现一系列"顺铣"和"逆铣"切削。

三、单向轮廓铣

单向带轮廓铣产生一系列单向的平行线性刀轨，回程是快速横向跨越运动，在两段连续刀轨之间跨越的刀轨（步距）是切削壁面的刀轨，因此壁面的加工质量比前两种切削模式都要好。

四、跟随周边

跟随周边创建了一种能跟随切削区域的轮廓生成一系列同心刀路的切削图样。通过偏置该区域的边缘环可以生成这种切削图样，当刀路与该区域的内部形状重叠时，这些刀路将合并成一个刀路，然后再次偏置这个刀路就形成下一个刀路。可加工区域内的所有刀路都将是封闭形状。

五、跟随部件

跟随部件通过从整个指定的"部件几何体"中形成相等数量的偏置，创建切削图样。"跟随周边"只从由"部件"或"毛坯"几何体定义的边缘环生成偏置，与"跟随周边"不同，"跟随部件"通过从整个"部件"几何体中生成偏置创建切削图样，该"部件"几何体定义的都是边缘环、岛或型腔。因此它可以保证刀具沿着整个"部件"几何体进行切削，从而无需设置"岛清理"刀路，只有当没有定义要从其中偏置的"部件"几何体时（如在面区域中），"跟随部件"才会从"毛坯"几何体偏置。

六、摆线

摆线切削是一种刀具以圆形回环模式移动而圆心沿刀轨方向移动的铣削方法。表面上，这与拉开的弹簧相似，当需要限制过大的步距以防止刀具在完全嵌入切口时折断，且需要避免过量切削材料时，需要使用此功能。在进刀过程中的岛和部件之间以及窄区域中，几乎总是会得到内嵌区域。系统可从部件创建摆线切削偏置来消除这些区域。系统沿部件进行切削，然后使用光顺的跟随模式向内切削区域。

七、轮廓

轮廓|切削创建一条或指定数量的切削刀路来对部件壁面进行精加工，它可以加工开放区域，也可以加工闭合区域。对于具有封闭形状的可加工区域，轮廓刀路的构建和移动与"跟随部件"切削图样相同。

八、标准驱动

标准驱动（仅平面铣）是一种轮廓切削方式，它允许刀具准确地沿指定边界移动，从而不需要再应用"轮廓"中使用的自动边界裁剪功能。通过使用自相交选项，用户可以使用"标准驱动"来确定是否允许刀轨自相交。

 操作技能

一、往复切削模式的创建

步骤 1：运行 UG NX8.5 软件

步骤 2：选取主菜单的【文件】|【打开】命令，或单击工具栏的图标 按钮，系统将弹出【打开部件文件】对话框，在此找到放置练习文件夹 ch3 并选取 exe1.prt 文件，再单击 OK 进入 UG 主界面，如图 3-1 所示。同时，在加工导航器中预先设置好相关的父节点。

步骤 3：在加工导航器中双击 PL1 刀轨对象，系统将弹出【平面铣】对话框。

◆ 在 切削模式 下拉选项选取 往复 选项，其余参数按系统默认；接着在 操作 下拉选项单击 图标按钮，系统开始计算刀轨，单击 确定 完成刀轨生成操作，结果如图 3-2 所示。

（注：不要关闭，下一实例将继续使用）

二、单向切削模式的创建

步骤 1：接上一实例。

步骤 2：在【操作导航器】工具条中单击 图标按钮，系统在操作导航器中显示几何体视图。

◆ 在 PL1 刀轨对象中双击左键，系统弹出【平面铣】对话框。

◆ 在在 切削模式 下拉选项选取 单向 选项，其余参数按系统默认；接着在 操作 下拉选项单击 图标按钮，系统开始计算刀轨，单击 确定 完成刀轨生成操作，结果如图 3-3 所示。

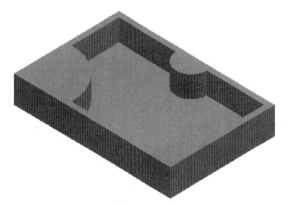

图 3-1 加工对象

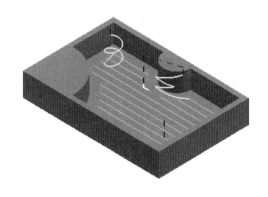

图 3-2 往复式刀轨结果

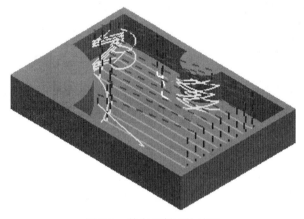

图 3-3 单向切削刀轨结果

三、单向带轮廓铣切削模式的创建

步骤 1：运行 UG NX8.5 软件

步骤 2：选取主菜单的【文件】|【打开】命令，或单击工具栏的图标 按钮，系统将弹出【打开部件文件】对话框，在此找到放置练习文件夹 ch3 并选取 exe2.prt 文件，再单击 OK 进入 UG 主界面，如图 3-4 所示；同时，在加工导航器中预先设置好相关的父节点。

步骤 3：在加工导航器中双击 PL1 刀轨对象，系统弹出【平面铣】对话框。

◆ 在 切削模式 下拉选项选取 单向轮廓 选项，其余参数按系统默认；接着在 操作 ▼ 下拉选项单击图标 按钮，系统开始计算刀轨，单击 确定 完成刀轨生成操作，结果如图 3-5 所示。

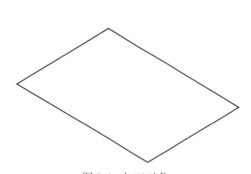

图 3-4 加工对象

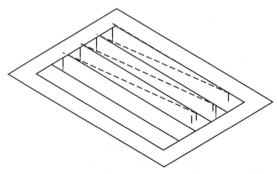

图 3-5 单向带轮廓铣刀轨结果

四、跟随周边切削模式

步骤 1： 运行 UG NX8.5 软件

步骤 2： 选取主菜单的【文件】|【打开】命令，或单击工具栏的图标 按钮，系统将弹出【打开部件文件】对话框，在此找到放置练习文件夹 ch3 并选取 exe3.prt 文件，再单击 OK 进入 UG 主界面，如图 3-6 所示；同时，在加工导航器中预先设置好相关的父节点。

步骤 3： 在加工导航器中双击 PL1 刀轨对象，系统弹出【平面铣】对话框。

◆ 在 切削模式 下拉选项选取 跟随周边 选项，其余参数按系统默认；接着在 操作 下拉选项单击图标 按钮，系统开始计算刀轨，单击 确定 完成刀轨生成操作，结果如图 3-7 所示。

（注：不要关闭，下一实例将继续使用）

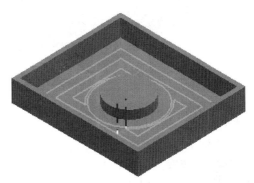

图 3-6　加工对象　　　　　　　　图 3-7　跟随周边刀轨结果

五、跟随部件切削模式

步骤 1： 接上一实例。

步骤 2： 在【操作导航器】工具条中单击图标 按钮，系统在操作导航器中显示几何体视图。

◆ 在 PL1 刀轨对象中双击左键，系统弹出【平面铣】对话框。

◆ 在在 切削模式 下拉选项选取 跟随部件 选项，其余参数按系统默认；接着在 操作 下拉选项单击图标 按钮，系统开始计算刀轨，单击 确定 完成刀轨生成操作，结果如图 3-8 所示。

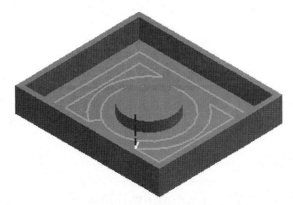

图 3-8　跟随部件刀轨结果

六、摆线切削模式

步骤 1： 运行 UG NX8.5 软件

步骤 2： 选取主菜单的【文件】|【打开】命令，或单击工具栏的图标 按钮，系统将弹

出【打开部件文件】对话框，在此找到放置练习文件夹 ch3 并选取 exe4.prt 文件，再单击 OK 进入 UG 主界面，如图 3-9 所示；同时，在加工导航器中预先设置好相关的父节点。

步骤 3： 在加工导航器中双击 ⊘⊔PL1刀轨对象，系统弹出【平面铣】对话框。

◆ 在**切削模式**下拉选项选取 ◎摆线 ▼选项，其余参数按系统默认；接着在**操作** ▼下拉选项单击图标 按钮，系统开始计算刀轨，单击 确定 完成刀轨生成操作，结果如图 3-10 所示。

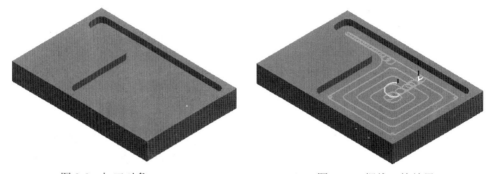

图 3-9　加工对象　　　　　　　　　　　图 3-10　摆线刀轨结果

七、配置文件切削模式

步骤 1： 运行 UG NX8.5 软件

步骤 2： 选取主菜单的【文件】|【打开】命令，或单击工具栏的图标 按钮，系统将弹出【打开部件文件】对话框，在此找到放置练习文件夹 ch3 并选取 exe5.prt 文件，再单击 OK 进入 UG 主界面，如图 3-11 所示；同时，在加工导航器中预先设置好相关的父节点。

步骤 3： 在加工导航器中双击 ⊘⊔PL1刀轨对象，系统弹出【平面铣】对话框。

◆ 在**切削模式**下拉选项选取 ⊓配置文件 ▼选项，其余参数按系统默认；接着在**操作** ▼下拉选项单击图标 按钮，系统开始计算刀轨，单击 确定 完成刀轨生成操作，结果如图 3-12 所示。

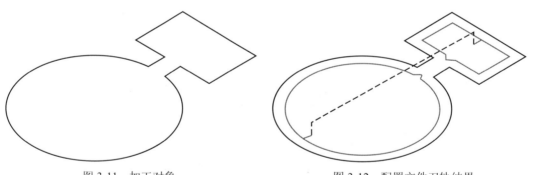

图 3-11　加工对象　　　　　　　　　　　图 3-12　配置文件刀轨结果

八、标准驱动切削模式

步骤 1： 接上一实例。

步骤 2： 在【操作导航器】工具条中单击图标 按钮，系统在操作导航器中显示几何体视图。

◆ 在 ⊔PL1刀轨对象中双击左键，系统弹出【平面铣】对话框。

◆ 在**切削模式**下拉选项选取 ⊓标准驱动 ▼选项，其余参数按系统默认；接着在**操作** ▼下拉选项单击图标 按钮，系统开始计算刀轨，单击 确定 完成刀轨生成操作，结果如图 3-13 所示。

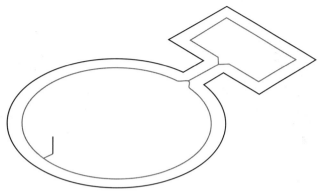

图 3-13 标准驱动刀轨结果

任务二 步进设置

步进是指定切削刀路之间的距离，如图 3-14 所示。步进选项一共包括：恒定、刀具直径、残余高度以及可变 4 种。用户可以通过输入一个恒定的参数值，也可以输入一把刀具直径的百分比，同样，也可通过输入残余高度的数据值，从而进行计算切削刀路间的距离，这种距离是间接指定该距离的。

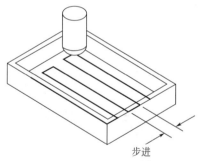

步进

图 3-14 步进图析

一、恒定步进

步骤 1：运行 UG NX8.5 软件

步骤 2：选取主菜单的【文件】|【打开】命令，或单击工具栏的图标 按钮，系统将弹出【打开部件文件】对话框，在此找到放置练习文件夹 ch3 并选取 exe6.prt 文件，再单击 进入 UG 主界面，如图 3-15 所示；同时，在加工导航器中预先设置好相关的父节点。

步骤 3：在加工导航器中双击 FA1刀轨对象，系统弹出【面铣削】对话框。

◆ 在切削模式下拉选项选取 选项。

◆ 在步进下拉选项选取 选项，其余参数按系统默认；接着在 下拉选项单击图标 按钮，系统开始计算刀轨，单击 完成刀轨生成操作，结果如图 3-16 所示。

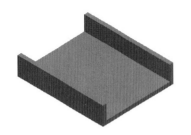

图 3-15　加工对象

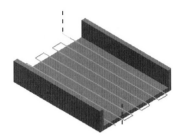

图 3-16　恒定步进刀轨结果

二、刀具直径步进

步骤 1：运行 UG NX8.5 软件

步骤 2：选取主菜单的【文件】|【打开】命令，或单击工具栏的图标 按钮，系统将弹出【打开部件文件】对话框，在此找到放置练习文件夹 ch3 并选取 exe7.prt 文件，再单击 进入 UG 主界面，如图 3-17 所示；同时，在加工导航器中预先设置好相关的父节点。

步骤 3：在加工导航器中双击 FA1 刀轨对象，系统弹出【面铣削】对话框。

◆ 在切削模式下拉选项选取 选项。

◆ 在步进下拉选项选取 选项，其余参数按系统默认；接着在操作 下拉选项单击图标 按钮，系统开始计算刀轨，单击 完成刀轨生成操作，结果如图 3-18 所示。

（注：不要关闭，下一实例将继续使用）

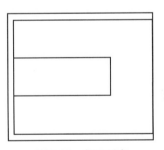

图 3-17　加工对象

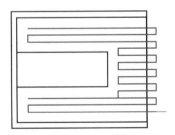

图 3-18　刀具直径步进刀轨结果

三、可变步进

步骤 1：接上一实例。

步骤 2：在【操作导航器】工具条中单击图标 按钮，系统在操作导航器中显示几何体视图。

◆ 在 FA1 刀轨对象中双击左键，系统弹出【面铣削】对话框。

◆ 在切削模式下拉选项选取 选项。

◆ 在步进下拉选项选取 可变 选项，系统弹出【可变步距】对话框，如图 3-19 所示。

◆ 在最大步距文本框中输入 10，在最小步距文本框中输入 5，其余参数按系统默认，单击 完成可变步进参数设置，并返回【面铣削】对话框。

◆ 在操作 下拉选项单击图标 按钮，系统开始计算刀轨，单击 完成刀轨生成操作，结果如图 3-20 所示。

图 3-19 可变步距对话框

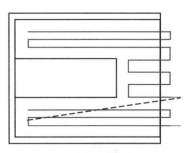

图 3-20 可变刀轨结果

 想想练练

1. Zig 是指_____切削模式（　　　）。

　　A. 单向切削　　　　B. 双向切削　　　　C. 单向轮廓　　　　D. 跟随工件

2. Zig Zag 是指_____切削模式（　　　）。

　　A. 单向切削　　　　B. 双向切削　　　　C. 单向轮廓　　　　D. 跟随周边

3. 在设置进给率时，切削是指_____过程中的进给率（　　　）。

　　A. 切削工件　　　　　　　　　　B. 从起点到进刀点

　　C. 第一刀切削　　　　　　　　　D. 切入零件时

4. RPM 是按_____定义主轴转速（　　　）

　　A. 每分钟转数　　　　　　　　　B. 每分钟曲面英尺

　　C. 每分钟曲面米定　　　　　　　D. 按秒钟曲面英寸

项目四　平面铣操作

项目工作情境

本项目通过各种相关案例，要求学生掌握平面铣的创建、平面铣参数设置、几何体设置等。

项目学习目标

☆ 掌握平面铣几何体设置；
☆ 掌握切削层操作；
☆ 掌握切削参数设置；
☆ 能正确设置非切削参数。

任务一　平面铣的加工特点

理论知识

一、平面铣的特点

平面铣可加工的形状具有如下特点：整个形状由平面和与平面垂直的垂直平面构成。它的切削运动只是 X 轴和 Y 轴联动，而没有 Z 轴的运动。主要用于粗加工或精加工工件的平面，如表平面、腔的底平面、腔的垂直侧壁；可用于曲面的精加工便不可能真正加工出曲面来，如图 4-1 所示。

图 4-1　平面铣加工对象

平面铣只能加工与刀轴垂直的直壁平底的工件，且每个切削层的边界完全一致，所以只要用 MILL_BND 几何体来定义加工工件即可。

专家点拨: 1.边界平面（仅有一个）的位置决定了是否分层切削，若边界平面与底平面在同一个平面上，则仅有一个切削层，否则是多个切削层。2.用户可以编辑边界，使用"手工的"可以使边界的平面移动到其他平面上。

二、平面铣几何体设置

为了创建平面铣操作，用户必须定义平面铣操作的加工几何体，平面铣操作所涉及的加工几何体包括：部件几何体、毛坯几何体、检查几何体、修剪几何体、底平面 5 种。

三、部件边界设置

平面铣的部件几何边界可以定义成工序导航器工具中的父节点，也可以通过平面铣几何体操作对话框中的选取或编辑部件边界图标进行个别定义。如果使用了工序导航器中的共享节点，则部件几何边界，平面铣几何体操作对话框中的图标选取或编辑部件边界便不可用。

一、部件边界设置

步骤 1：运行 UG NX8.5 软件

步骤 2：选取主菜单的【文件】|【打开】命令，或单击工具栏的图标按钮，系统将弹出【打开部件文件】对话框，在此找到放置练习文件夹 ch4 并选取 exe1.prt 文件，再单击进入 UG 主界面，如图 4-2 所示；同时，在工序导航器中已经设置好了相关的父节点。

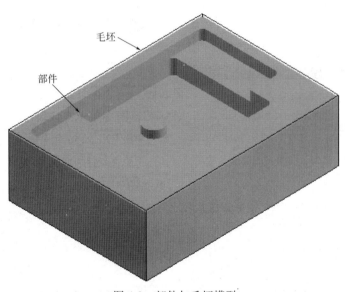

图 4-2　部件与毛坯模型

步骤 3：在加工工序导航器空白处单击鼠标右键，系统弹出快捷工具条，如图 4-3 所示。

◆ 在快捷工具条中单击几何视图选项，系统显示几何体视图，如图 4-4 所示。

◆ 在 MCS_MILL选项中单击+号，系统会显示几何体相关对象，如图 4-5 所示。

步骤 4：在【刀片】工具条中单击图标按钮，系统弹出【创建几何体】对话框，如图 4-6 所示。

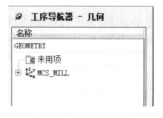

图 4-3 快捷工具条   图 4-4 几何体视图   图 4-5 几何体视图展开结果

◆ 在 类型 ∨ 下拉列表中选取 mill_planar ∨ 选项。

◆ 在 几何体子类型 ∨ 下拉选项中单击图标 按钮。

◆ 在 位置 ∨ 下拉列表中选取 WORKPIECE ∨ ，其余参数按系统默认，单击 确定 系统弹出【铣削边界】对话框，如图 4-7 所示。

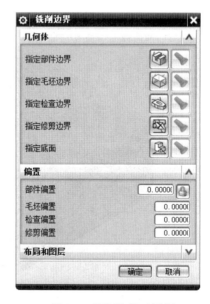

图 4-6 创建几何体对话框   图 4-7 铣削边界对话框

步骤 5：在【铣削边界】对话框中设置如下参数：

◆ 在 指定部件边界 处单击图标 按钮，系统弹出【部件边界】对话框，如图 4-8 所示，接着在作图区选取顶面、底平面及三个台阶面，单击 确定 完成部件边界操作，如图 4-9 所示。

图 4-8 部件边界对话框

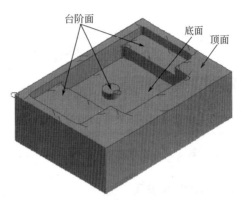

图 4-9 部件边界对象

专家点拨：1.在平面铣加工时，部件几何体及毛坯几何体可以不进行设置，但部件边界几何体必须要设置。2.设置部件几何体及毛坯几何体主要是用于动态仿真，因此可以设置，也可以不设置。

二、部件边界的编辑

步骤 1：运行 UG NX8.5 软件。

步骤 2：选取主菜单的【文件】|【打开】命令，或单击工具栏的图标 按钮，系统将弹出【打开部件文件】对话框，在此找到放置练习文件夹 ch4 并选取 exe2.prt 文件，再单击 OK 进入 UG 主界面，如图 4-10 所示；同时，在工序导航器中已经设置好了相关的父节点。

步骤 3：在工序导航器中双击 PLANAR_MILL_1 对象，系统弹出【平面铣】对话框。

◆ 在 操作 下拉选项单击图标 按钮，系统弹出警告信息，如图 4-11 所示，单击 确定 退出警告。

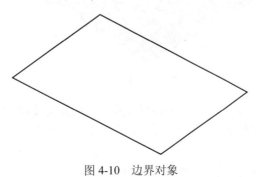

图 4-10 边界对象

专家点拨: 边界对象设置错误会出现警告信息 。

步骤 4: 在平面铣对话框中的几何体中单击图标按钮,系统弹出【编辑边界】对话框,如图 4-12 所示。

◆ 在**材料侧**选项中选取●外部选项,其余参数按系统默认,单击 确定 返回【平面铣】对话框。

◆ 在**操作** ∨下拉选项单击图标 按钮,系统开始计算刀轨,结果如图 4-13 所示,单击 确定 完成刀轨重生操作。

图 4-11 警告信息栏

图 4-12 部件边界对话框

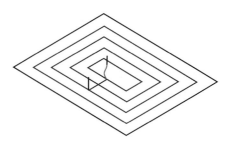

图 4-13 重新生成刀轨

三、毛坯边界设置

步骤 1: 运行 UG NX8.5 软件

步骤 2: 选取主菜单的【文件】|【打开】命令,或单击工具栏的图标 按钮,系统将弹出【打开部件文件】对话框,在此找到放置练习文件夹 ch4 并选取 exe3.prt 文件, 再单击 OK 进入 UG 主界面,如图 4-14 所示;同时,在工序导航器中已经设置好了相关的父节点。

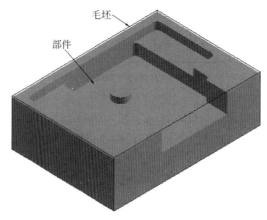

图 4-14 部件与毛坯模型

步骤 3: 在工序导航器中双击 MILL_BND对象,系统弹出【铣削边界】对话框。

◆ 在**指定毛坯边界**处单击图标 按钮,系统弹出【毛坯边界】对话框,如图 4-15 所示。

◆ 在作图区选取毛坯顶面为毛坯边界,如图 4-16 所示;其余参数按系统默认,单击 确定 完成毛坯边界操作,再单击 确定 返回加工界面。

图 4-15　毛坯边界对话框

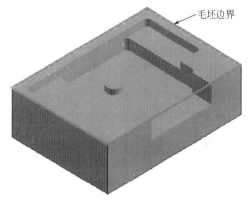

图 4-16　毛坯边界

四、检查边界设置

步骤 1：运行 UG NX8.5 软件。

步骤 2：选取主菜单的【文件】|【打开】命令，或单击工具栏的图标 按钮，系统将弹出【打开部件文件】对话框，在此找到放置练习文件夹 ch4 并选取 exe4.prt 文件， 再单击 按钮进入 UG 主界面，如图 4-17 所示；同时，在工序导航器中已经设置好了相关的父节点。

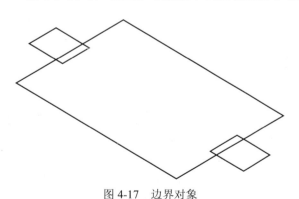

图 4-17　边界对象

步骤 3：在【工序导航器】工具条中单击图标 按钮，系统在工序导航器中显示几何体视图，如图 4-18 所示。

◆ 将鼠标移至 PLANAR_MILL 对象，单击鼠标右键，系统弹出快捷工具条，如图 4-19 所示。

◆ 在快捷工具条中选取 重播选项，在作图区将显示重播刀轨，如图 4-20 所示。

步骤 4：在几何体视图双击 PLANAR_MILL 对象，系统弹出【平面铣】对话框。

◆ 在指定检查边界对象中单击图标 按钮，系统弹出【边界几何体】对话框，如图 4-21 所示。

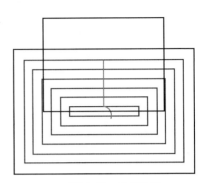

图 4-18　几何体视图　　　　图 4-19　快捷工具条　　　　图 4-20　重播刀轨

图 4-21　边界几何体对话框　　　　　　　图 4-22　创建边界对话框

◆ 在**模式**选项中选取**曲线/边**选项，同时系统弹出【创建边界】对话框，如图 4-22 所示。

◆ 在【创建边界】对话框中单击 成链 按钮，系统弹出【成链】对话框，接着在作图区选取左侧小矩形对象为成链边界，单击 确定 返回【创建边界】对话框。

◆ 在【创建边界】对话框中单击 创建下一个边界 按钮，完成第一个边界创建；接着在【创建边界】对话框中再单击 成链 按钮，系统弹出【成链】对话框，然后在作图区选取右侧小矩形对象为成链边界，单击 确定 返回【创建边界】对话框；再单击两次 确定 系统返回【平面铣】对话框。

步骤 5：在【平面铣】对话框中单击图标 按钮，系统重新计算刀轨，结果如图 4-23 所示。

专家点拨：检查边界主要是用于检查刀轨有没有和不相关的对象发生碰撞，如夹具、压块等。如 4-23 所示，两边有压块对象，则编程时应考虑使用检查边界，避免撞刀。

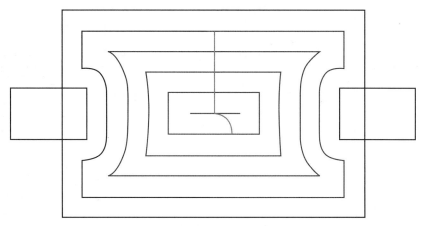

图 4-23　重新计算刀轨结果

五、修剪边界设置

步骤 1：运行 UG NX8.5 软件。

步骤 2：选取主菜单的【文件】|【打开】命令，或单击工具栏的图标 按钮，系统将弹出【打开部件文件】对话框，在此找到放置练习文件夹 ch4 并选取 exe5.prt 文件，再单击 进入 UG 主界面，如图 4-24 所示；同时，在工序导航器中已经设置好了相关的父节点。

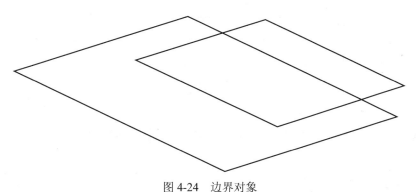

图 4-24　边界对象

步骤 3：在【工序导航器】工具条中单击图标 按钮，系统在工序导航器中显示几何体视图，如图 4-25 所示。

◆ 将鼠标移至 PLANAR_MILL 对象，单击鼠标右键，系统弹出快捷工具条，如图 4-26 所示。

◆ 在快捷工具条中选取 重播选项，在作图区将显示重播刀轨，如图 4-27 所示。

步骤 4：在几何体视图双击 PLANAR_MILL 对象，系统弹出【平面铣】对话框。

◆ 在指定修剪边界对象中单击图标 按钮，系统弹出【边界几何体】对话框，如图 4-21 所示。

◆ 在模式选项中选取曲线/边选项，同时系统弹出【创建边界】对话框，如图 4-22 所示。

◆ 在【创建边界】对话框中单击 成链 按钮，系统弹出【成链】对话框，接着在作图区选取上侧小矩形对象为成链边界，单击三次 确定 返回【平面铣】对话框。

步骤 5：在【平面铣】对话框中单击图标 按钮，系统重新计算刀轨，结果如图 4-28 所示。

图 4-25　几何体视图

图 4-26　快捷工具条

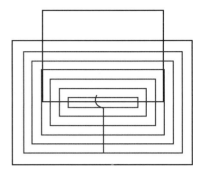

图 4-27　重播刀轨

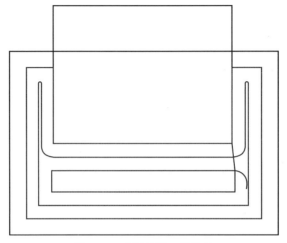

图 4-28　重新计算刀轨结果

任务二　平面铣切削层操作

理论知识

一、用户自定义

用户自定义可以指定切削深度的通用增量值和最小值。此选项的适用范围是从顶部切削层到与最终底平面相距的指定距离。

二、仅底面

是指仅一个切削层，也就是指用户指定的底面在哪里，它的加工深度就在哪里。

三、底面与临界深度

先在底面创建刀轨，然后按照每个临界深度创建清理刀轨，适用于精加工。

四、临界深度

在每个临界深度顶部创建平面切削，在移到下一个更深层之前，刀轨会在每一层完全切断。此选项的适用范围是从顶部切削层到与最终底平面相距的指定距离。

五、恒定

指的是每次的切削深度，但除最后一层可能小于自己定义的切削深度，其他层都是相等的。

操作技能

一、用户自定义

步骤 1：运行 UG NX8.5 软件

步骤 2：选取主菜单的【文件】|【打开】命令，或单击工具栏的图标🖻按钮，系统将弹出【打开部件文件】对话框，在此找到放置练习文件夹 ch4 并选取 exe6.prt 文件，再单击 OK 进入 UG 主界面，如图 4-29 所示；同时，在工序导航器中已经设置好了相关的父节点。

图 4-29　部件模型

步骤 3：在【工序导航器】工具条中单击图标按钮，系统在工序导航器中显示几何体视图。

◆ 将鼠标移至 ⊘🔲PLANAR_MILL 对象，接着双击左键，系统弹出【平面铣】对话框。

◆ 在 切削层 选项中单击图标▤按钮，系统弹出【切削深度参数】对话框，如图 4-30 所示。

步骤 4：在【切削深度参数】对话框中设置如下参数。

◆ 在 类型 选项中选取 用户定义 ▼ 选项。

◆ 在 公共 文本框中输入 3。

◆ 在 最小值 文本框中输入 0。

◆ 在 离顶面的距离 文本框中输入 0.5。

◆ 在 离底面的距离 文本框中输入 0.5，其余参数按系统默认，单击 确定 完成用户定义操作，同时系统返回【平面铣】对话框。

步骤 5：在 操作 ▼ 下拉选项中单击图标按钮，系统开始计算刀轨，最终结果如图 4-31 所示，单击 确定 完成平面铣操作。

（注：不要关闭，下一实例将继续使用）

二、仅底部面

步骤 1：接上一实例。

步骤 2：在【工序导航器】工具条中单击图标按钮，系统在工序导航器中显示几何体视图。

图 4-30 切削深度参数对话框

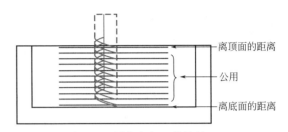

图 4-31 用户定义刀轨结果

◆ 在 PLANAR_MILL 对象双击左键，系统弹出【平面铣】对话框。

◆ 在切削层选项中单击图标 按钮，系统弹出【切削深度参数】对话框，如图 4-30 所示。

◆ 在类型选项中选取 仅底部面 选项，单击 确定 完成仅底部面切削层设置操作，同时系统返回【平面铣】对话框。

步骤 3： 在 操作 下拉选项中单击图标 按钮，系统开始计算刀轨，最终结果如图 4-32 所示，单击 确定 完成平面铣操作。

专家点拨： 仅底部切削方式是指只加工用户定义的底面，当用户重新定义了底面时，则底部面切削会重新以新的底面对象为切削面进行切削加工。

三、底面与临界深度

步骤 1： 运行 UG NX8.5 软件。

步骤 2： 选取主菜单的【文件】|【打开】命令，或单击工具栏的图标 按钮，系统将弹出【打开部件文件】对话框，在此找到放置练习文件夹 ch4 并选取 exe7.prt 文件，再单击 OK 进入 UG 主界面，如图 4-33 所示；同时，在工序导航器中已经设置好了相关的父节点。

步骤 3： 在【刀片】工具条中单击图标 按钮，系统弹出【创建工序】对话框，如图 4-34 所示。

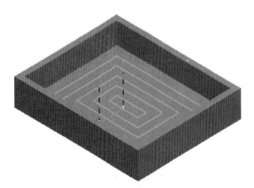

图 4-32 仅底部面刀轨结果

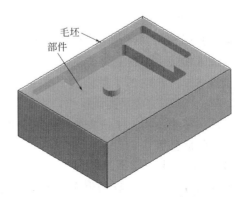

图 4-33 部件和毛坯模型

◆ 在 类型 ∨ 下拉选项选取 mill_planar ∨ 选项。

◆ 在 操作子类型 ∨ 下拉选项中单击图标 按钮。

◆ 在 程序 下拉列表中选取 PROGRAM ∨ 选项。

◆ 在 刀具 下拉列表中选取 D10 ∨ 。

◆ 在 几何体 下拉列表中选取 MILL_BND ∨ 选项。

◆ 在 方法 下拉列表中选取 MILL_R ∨ 选项，其余参数按系统默认，单击 确定 进入【平面铣】对话框。

步骤 4： 在【平面铣】对话框中设置如下操作。

◆ 在 切削层 选项中单击图标 按钮，系统弹出【切削深度参数】对话框，如图 4-35 所示。

◆ 在 类型 选项中选取 底面及临界深度 ∨ 选项，单击 确定 完成 底面及临界深度 ∨ 切削层设置操作，同时系统返回【平面铣】对话框。

◆ 在 操作 ∨ 下拉选项中单击图标 按钮，系统开始计算刀轨，最终结果如图 4-36 所示，单击 确定 完成平面铣操作。

（注：1.如果刀轨生成时发生警告，则可以在非切削选项中设置【传递/快速】选项，这将在下面章节讲解。2.不要关闭，下一实例将继续使用）

图 4-34　创建工序对话框

图 4-35　切削深度参数对话框

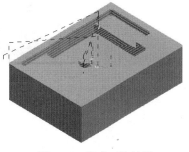

图 4-36　生成刀轨结果

四、临界深度

步骤 1： 接上一实例。

步骤 2： 在【刀片】工具条中单击图标 按钮，系统弹出【平面铣】对话框，接着设置如下参数。

◆ 在 切削层 选项中单击图标 按钮，系统弹出【切削深度参数】对话框，如图 4-35 所示。

◆ 在 类型 选项中选取 岛顶部的层 ∨ 选项，其余参数按系统默认，单击 确定 完成工件顶部的切削层设置操作，同时系统返回【平面铣】对话框。

步骤 3： 在 操作 ∨ 下拉选项中单击图标 按钮，系统开始计算刀轨，最终结果如图 4-37 所示，单击 确定 完成平面铣操作。

图 4-37　工件顶部面刀轨结果

五、恒定深度

步骤 1： 运行 UG NX8.5 软件。

步骤 2： 选取主菜单的【文件】|【打开】命令，或单击工具栏的图标 按钮，系统将弹出【打开部件文件】对话框，在此找到放置练习文件夹 ch4 并选取 exe8.prt 文件，再单击 OK 进入 UG 主界面，如图 4-38 所示；同时，在工序导航器中已经设置好了相关的父节点。

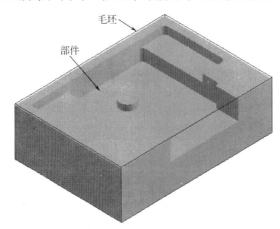

图 4-38　部件与毛坯模型

步骤 3： 在【刀片】工具条中单击图标 按钮，系统弹出【创建工序】对话框，如图 4-39 所示。

◆ 在 类型 ∨ 下拉选项选取 mill_planar ∨ 选项。

◆ 在 操作子类型 ∨ 下拉选项中单击图标 按钮。

◆ 在 程序 下拉列表中选取 PROGRAM ∨ 选项。

◆ 在 刀具 下拉列表中选取 D10 ∨。

◆ 在 几何体 下拉列表中选取 MILL_BND ∨ 选项。

◆ 在 方法 下拉列表中选取 MILL_R ∨ 选项，其余参数按系统默认，单击 确定 进入【平面铣】对话框。

步骤4：在【平面铣】对话框中设置如下操作。

◆ 在**切削层**选项中单击图标▦按钮，系统弹出【切削深度参数】对话框，如图4-40所示。

◆ 在**类型**选项中选取 固定深度▼ 选项。

◆ 在**最大值**文本框中输入2，其余参数按系统默认，单击 确定 完成固定深度切削层设置操作，同时系统返回【平面铣】对话框。

◆ 在 操作 ▼ 下拉选项中单击图标▣按钮，系统开始计算刀轨，最终结果如图4-41所示，单击 确定 完成平面铣操作。

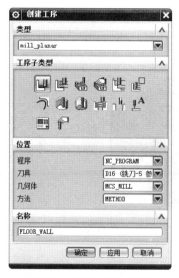

图4-39 创建工序对话框

图4-40 切削深度参数对话框

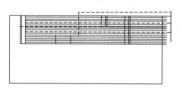

图4-41 固定切削层刀轨结果

专家点拨：固定深度指的是每次的切削深度，但除了最后一层可能小于自己定义的切削深度外，其他层都是相等的。

任务三　切削参数

理论知识

使用切削参数选项可执行以下操作。

◆ 定义切削量后在部件上保留多少余量。

◆ 提供对切削模式的额外控制，如切削方向和切削区域排序。

◆ 确定输入毛坯并指定毛坯距离。

◆ 添加并控制精加工刀路。

◆ 控制拐角的切削行为。

◆ 控制切削顺序并指定如何连接切削区域。

◆ 大多数（但并非全部）处理器将共享这些选项。这些选项仅出现在对话框的几个选项卡中。

操作技能

一、切削顺序

步骤 1：运行 UG NX8.5 软件。

步骤 2：选取主菜单的【文件】|【打开】命令，或单击工具栏的图标 按钮，系统将弹出【打开部件文件】对话框，在此找到放置练习文件夹 ch4 并选取 exe9.prt 文件，再单击 OK 进入 UG 主界面，如图 4-42 所示；同时，在工序导航器中已经设置好了相关的父节点。

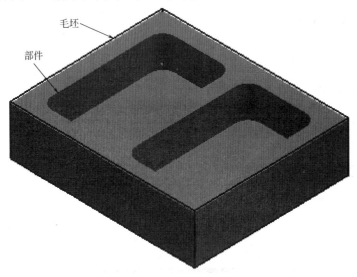

图 4-42　部件与毛坯模型

步骤 3：在【工序导航器】工具条中单击图标 按钮，系统在工序导航器中显示几何体视图。

◆ 在 PLANAR_MILL 对象中双击左键，系统弹出【平面铣】对话框。

◆ 在切削参数选项中单击图标 按钮，系统弹出【切削参数】对话框，如图 4-43 所示。

图 4-43　切削参数对话框

步骤 4：在【切削参数】对话框设置如下参数。

◆ 在 切削顺序 下拉选项选取 深度优先 选项，其余参数按系统默认，单击 确定 完成切削参数设置，同时系统返回【平面铣】对话框。

步骤 5：在 操作 下拉选项中单击图标 按钮，系统开始计算刀轨，最终结果如图 4-44 所示，单击 确定 完成平面铣操作。

专家点拨：如果在 切削顺序 选取的是 层优先 选项，则刀轨如图 4-45 所示。一般在加工多个区域时，用户可以设置为 深度优先 ，这样可以减少抬刀，提高加工效率。

（注：不要关闭，下一实例将继续使用）

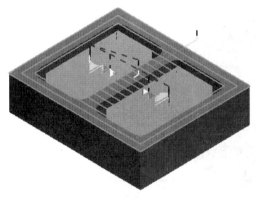

图 4-44　深度优先刀轨结果

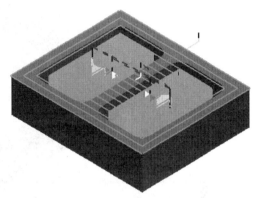

图 4-45　层优先刀轨结果

二、精加工刀路数

步骤 1：接上一实例。

步骤 2：在【工序导航器】工具条中单击图标 按钮，系统在工序导航器中显示几何体视图。

◆ 在 PLANAR_MILL 对象中双击左键，系统弹出【平面铣】对话框。

◆ 在 切削参数 选项中单击图标 按钮，系统弹出【切削参数】对话框，如图 4-43 所示。

◆ 在 精割刀路数 下拉选项钩选 添加精加工刀路选项。

◆ 在 刀路数 文本框中输入 2，其余参数按系统默认，单击 确定 完成切削参数设置，同时系统返回【平面铣】对话框。

步骤 3：在 操作 下拉选项中单击图标 按钮，系统开始计算刀轨，最终结果如图 4-46 所示，单击 确定 完成平面铣操作。

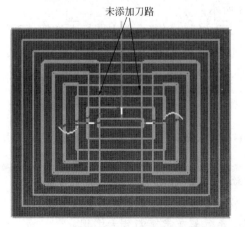

未添加刀路

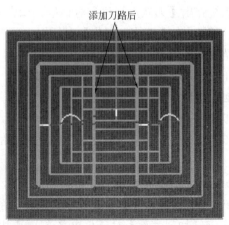

添加刀路后

图 4-46　添加精加工刀路结果

（注意刀轨生成后的前后变化）

三、部件余量

步骤 1： 运行 UG NX8.5 软件。

步骤 2： 选取主菜单的【文件】|【打开】命令，或单击工具栏的图标 按钮，系统将弹出【打开部件文件】对话框，在此找到放置练习文件夹 ch4 并选取 exe10.prt 文件，再单击 OK 进入 UG 主界面，如图 4-47 所示；同时，在工序导航器中已经设置好了相关的父节点。

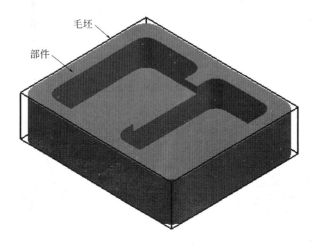

毛坯

部件

图 4-47　部件与毛坯模型

步骤 3： 在【工序导航器】工具条中单击图标 按钮，系统在工序导航器中显示几何体视图。

◆ 在 PLANAR_MILL 对象中双击左键，系统弹出【平面铣】对话框。

◆ 在切削参数选项中单击图标 按钮，系统弹出【切削参数】对话框。

步骤 4： 在【切削参数】对话框设置如下参数。

◆ 在【切削参数】对话框中单击 余量 按钮，系统显示余量的相关选项。

◆ 在部件余量文本框中输入 0.5，其余参数按系统默认，单击 确定 完成切削参数设置，同时系统返回【平面铣】对话框。

步骤 5： 在操作 ▼ 下拉选项中单击图标 按钮，系统开始计算刀轨，接着再单击图标 按钮，系统弹出【刀轨可视化】对话框，如图 4-48 所示。

步骤 6： 在【刀轨可视化】对话框中单击 2D动态 按钮，接着再单击图标 ▶ 按钮，系统仿真最终结果如图 4-49 所示。

（注：不要关闭，下一实例将继续使用）

四、毛坯余量

步骤 1： 接上一实例。

步骤 2： 在【工序导航器】工具条中单击图标 按钮，系统在工序导航器中显示几何体视图。

◆ 在 PLANAR_MILL 对象中双击左键，系统弹出【平面铣】对话框。

◆ 在切削参数选项中单击图标 按钮，系统弹出【切削参数】对话框。

◆ 在【切削参数】对话框中单击 余量 按钮，系统显示余量的相关选项。

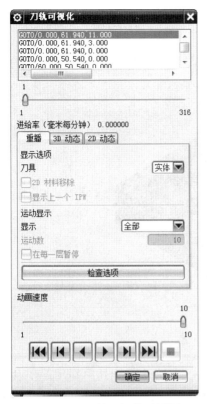

图 4-48 刀轨可视化对话框

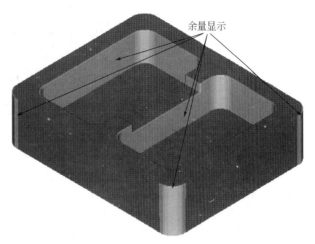

余量显示

图 4-49 刀轨仿真结果

◆ 在**毛坯余量**文本框中输入 3，其余参数按系统默认，单击 确定 完成切削参数设置，同时系统返回【平面铣】对话框。

步骤 3：在 操作 ▼ 下拉选项中单击图标 按钮，系统开始计算刀轨，最终结果如图 4-50 所示，单击 确定 完成平面铣操作。

（注意刀轨生成后的前后变化）

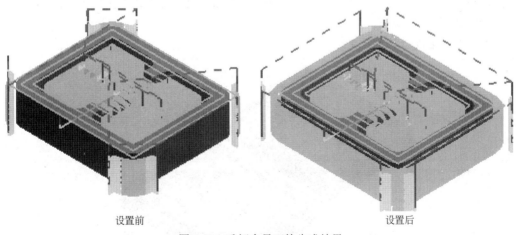

设置前   设置后

图 4-50 毛坯余量刀轨生成结果

五、区域连接

步骤 1：运行 UG NX8.5 软件。

步骤 2：选取主菜单的【文件】|【打开】命令，或单击工具栏的图标⬀按钮，系统将弹出【打开部件文件】对话框，在此找到放置练习文件夹 ch4 并选取 exe11.prt 文件，再单击 ᴼᴷ 进入 UG 主界面，如图 4-51 所示；同时，在工序导航器中已经设置好了相关的父节点。

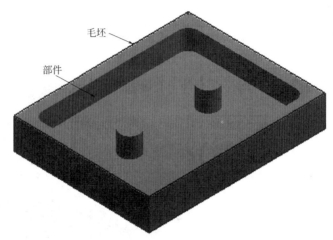

图 4-51　部件与毛坯模型

步骤 3：在【工序导航器】工具条中单击图标🗔按钮，系统在工序导航器中显示几何体视图。

◆ 在 📐 PLANAR_MILL 对象中双击左键，系统弹出【平面铣】对话框。

◆ 在 切削参数 选项中单击图标🗗按钮，系统弹出【切削参数】对话框。

步骤 4：在【切削参数】对话框设置如下参数。

◆ 在【切削参数】对话框中单击 更多 按钮，系统显示连接的相关选项。

◆ 在 原有的 ▼ 下拉选项中钩选 ☑ 区域连接，其余参数按系统默认，单击 确定 完成切削参数设置，同时系统返回【平面铣】对话框。

步骤 5：在 操作 ▼ 下拉选项中单击图标🖫按钮，系统开始计算刀轨，最终结果如图 4-52 所示，单击 确定 完成平面铣操作。

（注意刀轨生成后的前后变化）

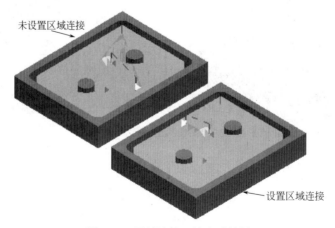

图 4-52　区域连接刀轨生成结果

六、开放刀路参数

步骤 1： 运行 UG NX8.5 软件。

步骤 2： 选取主菜单的【文件】|【打开】命令，或单击工具栏的图标 按钮，系统将弹出【打开部件文件】对话框，在此找到放置练习文件夹 ch4 并选取 exe12.prt 文件，再单击 OK 进入 UG 主界面；同时，在工序导航器中已经设置好了相关的父节点。

步骤 3： 在【工序导航器】工具条中单击图标 按钮，系统在工序导航器中显示几何体视图。

◆ 在 PLANAR_MILL 对象中双击左键，系统弹出【平面铣】对话框。

◆ 在 切削参数 选项中单击图标 按钮，系统弹出【切削参数】对话框。

步骤 4： 在【切削参数】对话框中设置如下参数。

◆ 在【切削参数】对话框中单击 连接 按钮，系统显示连接的相关选项。

◆ 在 开放刀路 ▼ 下拉选项中选取 变换切削方向 选项，其余参数按系统默认，单击 确定 完成切削参数设置，同时系统返回【平面铣】对话框。

步骤 5： 在 操作 ▼ 下拉选项中单击图标 按钮，系统开始计算刀轨，最终结果如图 4-53 所示，单击 确定 完成平面铣操作。

（注意刀轨生成后的前后变化）

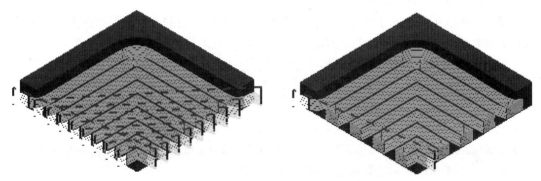

图 4-53　开放刀路刀轨生成结果

专家点拨： 切削参数是与切削模式相关的，不同的切削模式有不同的切削参数相对应，但多数切削参数是相同的，因此不再一一叙述，读者可以自行完成。

任务四　非切削参数

 理论知识

非切削参数是指在数控加工过程中不进行切削的运动对象，包括进/退刀、安全平面设置、刀具补偿等。

一、进刀与退刀

进刀与退刀包括封密区域和开放区域两个操作选项，也可以这样认为：封密区域是管理粗

加工的，开放区域是管理精加工的。

二、避让

避让是控制刀具作非切削运动的点或平面。一个刀具操作运动可分为两种情况：一种是刀具切入工件之前或离开工件之后的运动，即非切削运动；另一种是刀具切削工件材料的运动，即切削运动。刀具在切削运动时，由零件的几何形状决定刀具路径；而在非切削运动时，刀具路径则由避让中指定的点或平面来控制。

三、转移/快速

转移/快速是指定如何从一条切削刀路移动到另一条切削刀路。通常而言，刀具进行以下移动：

◆ 从其当前位置移动到指定的平面；

◆ 在指定平面内移动到进刀移动起点上面的位置。如果未指定进刀移动，则在切削点上面移动；

◆ 从指定平面内移动到进刀移动的起点。如果未指定进刀移动，则在切削点上面移动。

一、进刀与退刀参数设置

步骤 1：运行 UG NX8.5 软件。

步骤 2：选取主菜单的【文件】|【打开】命令，或单击工具栏的图标 按钮，系统将弹出【打开部件文件】对话框，在此找到放置练习文件夹 ch4 并选取 exe13.prt 文件，再单击 OK 进入 UG 主界面；同时，在工序导航器中已经设置好了相关的父节点。

步骤 3：在【工序导航器】工具条中单击图标 按钮，系统在工序导航器中显示几何体视图。

◆ 在 PLANAR_MILL 对象中双击左键，系统弹出【平面铣】对话框。

◆ 在非切削移动选项中单击图标 按钮，系统弹出【非切削运动】对话框，如图 4-54 所示。

步骤 4：在【非切削运动】对话框设置如下参数。

◆ 在封闭区域选项的进刀类型下拉选项中选取 插铣 选项。

◆ 在开放区域选项的进刀类型下拉选项中选取 圆弧 选项。

◆ 在半径文本框中输入 5，其余参数按系统默认，单击 确定 完成非切削参数设置，同时系统返回【平面铣】对话框。

步骤 5：在 操作 下拉选项中单击图标 按钮，系统开始计算刀轨，最终结果如图 4-55 所示，单击 确定 完成平面铣操作。

（注：不要关闭，下一实例将继续使用）

二、传递与快速设置

步骤 1：接上一实例。

步骤 2：在【工序导航器】工具条中单击图标 按钮，系统在工序导航器中显示几何体视图。

◆ 在 PLANAR_MILL 对象中双击左键，系统弹出【平面铣】对话框。

◆ 在非切削移动选项中单击图标 按钮，系统弹出【非切削运动】对话框。

图 4-54　非切削运动对话框　　　　　　　　　图 4-55　刀轨生成结果

步骤 3： 在【非切削运动】对话框设置如下参数。

◆ 在【非切削运动】对话框中单击 传递/快速 选项，系统显示相关选项，如图 4-56 所示。

◆ 在安全设置选项下拉选项中选取 平面 选项，接着在选择平面选项处单击图标 按钮，系统弹出【平面构造器】对话框，如图 4-57 所示。

◆ 在偏置半径文本框中输入 20，其余参数按系统默认，单击 确定 返回【非切削运动】对话框。

步骤 4： 在区域选项设置如下参数。

◆ 在传递类型下拉选项中选取 最小安全值 Z 选项，同时在安全距离文本框中输入 5。

◆ 在传递类型下拉选项选取为 前一平面 选项，其余参数按系统默认，单击单击 确定 返回【平面铣】对话框。

步骤 5： 在 操作 下拉选项中单击图标 按钮，系统开始计算刀轨，最终结果如图 4-58 所示，单击 确定 完成平面铣操作。

（注：1.注意前后刀轨的改变；2.不要关闭，下一实例将继续使用）

图 4-56　传递/快速选项

图 4-57　平面构造器对话框

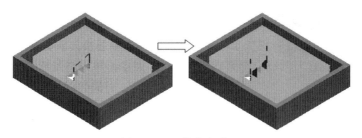

图 4-58　刀轨生成结果

三、避让设置

步骤 1： 接上一实例。

步骤 2： 在【工序导航器】工具条中单击图标　按钮，系统在工序导航器中显示几何体视图。

◆ 在　PLANAR_MILL 对象中双击左键，系统弹出【平面铣】对话框。

◆ 在非切削移动选项中单击图标　按钮，系统弹出【非切削运动】对话框。

步骤 3： 在【非切削运动】对话框设置如下参数。

◆ 在【非切削运动】对话框中单击　避让　选项，系统显示相关选项，如图 4-59 所示。

◆ 在出发点　的点选项下拉选项中选取指定　选项，接着在指定点 (0)选项处单击图标　按钮，系统弹出【点】对话框，如图 4-60 所示。

◆ 在 X 文本框中输入 40；在 Y 文本框中输入 40，在 Z 文本框中输入 80，其余参数按系统默认，单击　确定　返回【非切削运动】对话框。

步骤 4： 依照上述操作，完成剩余避让点的指定过程，生成刀轨最终结果如图 4-61 所示。

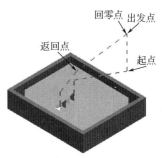

图 4-59　避让选项　　　　图 4-60　点对话框　　　　图 4-61　刀轨生成结果

任务五　其他参数设置

一、进给与转速

主轴速度对话框里，要设置的参数有主轴速度、主轴方向；进给率选项用于设置刀具在各种运动情况下的速度，进给速度直接关系到加工效率和质量。

二、选项

在相关操作的对话框中，包括编辑显示、定制对话框和分析工具三个。

（1）编辑显示

控制刀轨显示选项，例如刀具显示的颜色和类型。

（2）定制对话框

指定出现在对话框中的参数（文本字段、按钮和选项菜单）。

（3）分析工具

用于平面铣和型腔铣工序，访问分析工具对话框，它允许自己目测刀轨中的切削区域是否有任何异常

操作技能

一、进给和转速设置

步骤 1：运行 UG NX8.5 软件。

步骤 2：选取主菜单的【文件】|【打开】命令，或单击工具栏的图标 按钮，系统将弹出【打开部件文件】对话框，在此找到放置练习文件夹 ch4 并选取 exe14.prt 文件，再单击 OK 进入 UG 主界面；同时，在工序导航器中已经设置好了相关的父节点。

步骤 3：在【工序导航器】工具条中单击图标 按钮，系统在工序导航器中显示几何体视图。

◆ 在 PLANAR_MILL 对象中双击左键，系统弹出【平面铣】对话框。

◆ 在**进给和速度**选项中单击图标 按钮，系统弹出【进给】对话框，如图 4-62 所示。

步骤 4：在【进给】对话框设置如下参数。

◆ 在**主轴速度（rpm）**文本框中输入 2000。

◆ 在**切削**文本框中输入 800，接着单击**更多** 下拉选项，系统显示相关选项，如图 4-63 所示。

◆ 在**进刀**文本框中输入 450；在**第一刀切削**文本框中输入 250，其余参数按系统默认，单击 确定 返回【平面铣】对话框。

步骤 5：在**操作** 下拉选项中单击图标 按钮，系统开始计算刀轨，单击 确定 完成平面铣操作。

（注：不要关闭，下一实例将继续使用）

二、选项设置

步骤 1：接上一实例。

步骤 2：在【工序导航器】工具条中单击图标 按钮，系统在工序导航器中显示几何体视图。

◆ 在 PLANAR_MILL 对象中双击左键，系统弹出【平面铣】对话框。

◆ 在【平面铣】对话框中单击**选项** 下拉选项。

◆ 在**编辑显示**选项中单击图标 按钮，系统弹出【显示选项】对话框，如图 4-64 所示。

步骤 3：在【显示选项】对话框设置如下参数。

◆ 在【显示选项】对话框中单击**指定颜色**按钮，系统弹出【刀轨显示颜色】对话框，如图 4-65 所示。

◆ 在**退刀**选项中单击颜色对象，系统弹出【颜色】选项，如图 4-66 所示。接着选取紫色图标，同时返回【刀轨显示颜色】对话框，再单击 确定 返回【显示选项】对话框。

步骤 4：在**操作** 下拉选项中单击图标 按钮，系统开始计算刀轨，最终结果如图 4-67 所示，单击 确定 完成平面铣操作。

图 4-62　进给对话框

图 4-63　更多选项对象

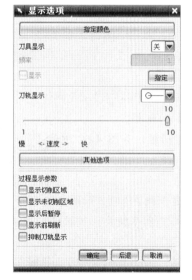

图 4-64　显示选项对话框

图 4-65　刀轨显示颜色对话框

图 4-66　颜色选项

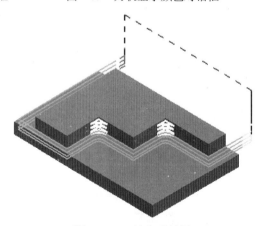

图 4-67　刀轨生成结果

任务六 综合实例：平面铣

 理论知识

一、工艺分析

（1）工件材料为 45#钢，毛坯尺寸：300mm×250mm×86mm。

（2）腔的最窄处为 60mm，因此在粗加工时尽可能采用大刀。

二、填写 CNC 加工程序单

（1）在立式加工中心上加工，使用平口板进行装夹。

（2）加工坐标原点的设置：采用四面分中，X、Y 轴取在工件的中心；Z 轴取在工件的最高平面上。

（3）数控加工工艺及刀具等按照加工程序单。

模具名称： MOLD　模号： M401　操作员： 钟平福　编程员： 钟平福

	计划时间：1:20						
	实际时间：1:05 上机时间：2:35						
	下机时间：3:40						
工作尺寸	单位：mm						
XC	300						
YC	250						
ZC	90						
工作数量：	1　件						

程序名称	加工类型	刀具直径	加工深度	加工余量	上机时间	完成时间	备注
平面铣	开粗	D25	-60	0.5	2:35	3:15	
平面铣	半精	D25	-60	0.3	3:15	3:25	
平面铣	精刀	D25	-60	0	3:25	3:35	
面铣	精刀	D25	-60	0	3:35	3:40	

 操作技能

步骤 1： 运行 UG NX8.5 软件。

步骤 2： 选取主菜单的【文件】|【打开】命令，或单击工具栏图标 按钮，将弹出【打开部件文件】对话框，在此找到放置练习文件夹 ch4 并选取 exe15.prt 文件，单击 进入 UG 加工界面。此时，在工序导航器中可以看到，除了系统内定选项不能删除外，没有任何数据，模型如图 4-68 所示。

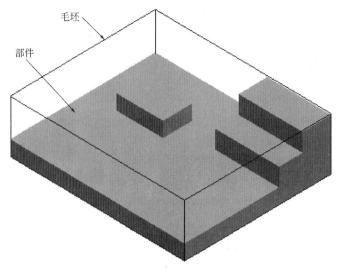

图 4-68　部件和毛坯模型

步骤 3：父节点的创建。

（1）刀片组

◆ 在【刀片】工具栏中单击图标█按钮，系统弹出【创建程序】对话框，如图 4-69 所示。

◆ 在【类型】下拉列表中选取【mill_planar】选项。

◆ 在【程序】下拉列表中选取【NC_PROGRAM】。

◆ 在【名称】处按系统内定的名称【PROGRAM】，单击█确定█完成程序组操作。

图 4-69　创建程序对话框

（2）创建刀具组

在【刀片】工具栏中单击图标█按钮，系统弹出【创建刀具】对话框，如图 4-70 所示。

◆ 在【类型】下拉列表中选取【mill_planar】选项。

◆ 在【子类型】选项卡中单击图标█按钮。

◆ 在【刀具】下拉列表中选取【GENGRIC_MACHINE】选项。

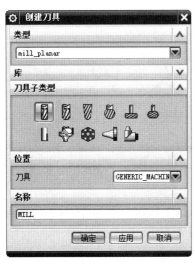

图 4-70　创建刀具对话框

图 4-71　刀具参数对话框

◆ 在【名称】处输入 D25，单击 [应用] 进入【刀具参数】设置对话框，如图 4-71 所示。

◆【直径】处输入 25。

◆【下半径】处输入 0。

◆【长度】处输入 75。

◆【刃口长度】输入 40。

◆【刀刃】输入 2。

◆【材料】为 HSS。

◆【刀具号】输入 1。

◆【长度补偿】输入 0。

◆【刀具补偿】输入 1，其余参数按系统默认，单击 [确定] 完成刀具创建工序。

专家点拨：在创建刀具时，如果第一次创建的刀具号为 1 时，则第二次创建的刀具号就要为 2，依此类推；如果是不带刀库的机床，则可以不设置刀具号。

（3）创建几何体组

在【刀片】工具栏中单击图标 按钮，系统弹出【创建几何体】对话框。

机床坐标系的创建方法如下。

- 在【类型】下拉列表中选取【mill_planar】选项。
- 在【几何类型】选卡中单击图标按钮。
- 在【几何体】下拉列表中选取【GEOMETRY】。
- 【名称】处的几何节点按系统内定的名称【MCS】，如图 4-72 所示。
- 单击 应用 进入【MCS】对话框，如图 4-73 所示。

图 4-72　创建几何体对话框　　　　　　　　图 4-73　MCS 对话框

- 在 指定 MCS 处单击 图标，接着在在作图区选取毛坯顶面为 MCS 放置面，如图 4-74(a)，然后单击 确定 ，完成加工坐标系的创建，结果如图 4-74(b) 所示。

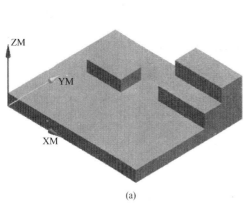

(a)　　　　　　　　　　　　　　　　　　　(b)

图 4-74　MCS 放置面

工件的创建方法如下。

- 在【类型】下拉列表中选取【mill_planar】选项。
- 在【几何类型】选卡中单击图标按钮。
- 在【几何体】下拉列表中选取【MCS】。
- 【名称】处的几何节点按系统内定的名称【WORKPIECE】。
- 单击 应用 进入【工件】对话框，如图 4-75 所示

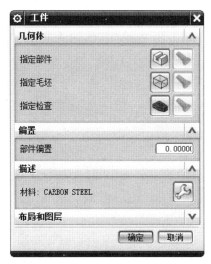

图 4-75　工件操作对话框

◆ 在【指定部件】处单击图标 按钮，系统弹出工件几何体对话框，然后在作图区选取部件作为工件几何体，单击 确定 完成工件几何体操作。

◆ 在【指定毛坯】处单击图标 按钮，系统弹出毛坯几何体对话框，然后在作图区选取工件作为毛坯几何体，单击 确定 完成毛坯几何体操作，再单击 确定 完成WORKPIECE 操作。

专家点拨：工件对平面铣操作没有直接意义，但是对 2D 或 3D 动态仿真是必需的。读者也可以这样理解：不定义工件时，刀路验证时只能进行重播操作，不能在软件界面看到实际的切削界面。

铣削边界的创建方法如下。

◆ 在【类型】下拉列表中选取【mill_planar】选项。

◆ 在【几何类型】选卡中单击图标 按钮。

◆ 在【几何体】下拉列表中选取【WORKPIECE】。

◆【名称】处的几何节点按系统内定的名称【MILL_BND】，单击 确定 系统弹出【铣削边界】对话框，如图 4-76 所示。

◆ 在【指定部件边界】处单击图标 按钮，系统弹出【部件边界】对话框。

◆ 单击图标 ，然后选取顶面和所有底平面，单击 确定 完成零件边界操作，如图 4-77 所示。

◆ 在【指定毛坯边界】处单击图标 按钮，系统弹出【毛坯边界】对话框。

◆ 在【毛坯边界】对话框中单击图标 ，然后选取工件顶面为毛坯边界，单击 确定 完成毛坯边界操作，如图 4-78 所示。

专家点拨：指定部件边界和指定毛坯边界都可以选取面或边界和曲线，如果有多个切削区域时，则优先选取面。因为如果选取边界时，要顾及材料侧，对初学者来说比较不容易理解。

◆ 在【指定底平面】处单击图标 按钮，系统弹出【平面构造器】对话框。

◆ 在作图区选取底平面作为最低下限平面，单击 确定 完成底平面操作，再单击 确定 完成铣削边界的操作，如图 4-79 所示。

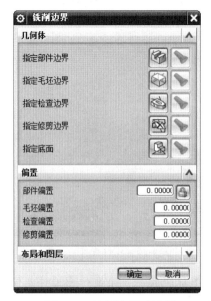

图 4-76　铣削边界对话框

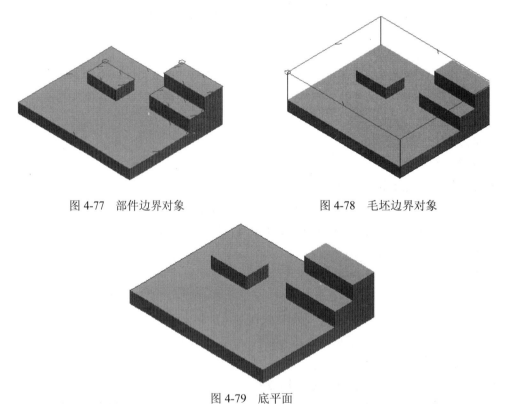

图 4-77　部件边界对象　　　　　　　　　图 4-78　毛坯边界对象

图 4-79　底平面

专家点拨: 由于本实例先创建了图层操作,所以读者在阅读时要注意,如有不明可参考《UG NX8.5 注塑模具设计入门与技巧 100 例》的图层设置操作。

(4) 创建方法

在【刀片】工具栏中单击图标按钮,系统弹出【创建方法】对话框

◆ 在【类型】下拉列表中选取【mill_planar】选项。

◆ 在【方法】下拉列表中选取【METHOD】选项。

◆【名称】一栏处输入 MILL_R，如图 4-80 所示。

◆ 单击 应用 进入【铣削方法】对话框，如图 4-81 所示。

◆ 在【部件余量】处输入 0.5，其余参数按系统默认，单击 确定 完成切削方法操作。

◆ 利用同样的方法，创建 MILL_M（中加工）、MILL_F（精加工），其中中加工的部件余量为 0.3；精加工部件余量为 0。

 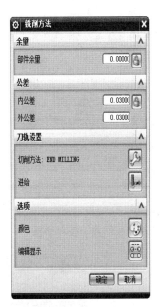

图 4-80　创建方法对话框　　　　图 4-81　切削方法对话框

步骤 4：创建工序。

在【刀片】工具栏中单击图标 ⊫ 按钮，系统弹出【创建工序】对话框，如图 4-82 所示。

◆ 在【类型】下拉列表中选取【mill_planar】选项。

◆ 在【子类型】选项卡中单击图标 ⊞ 按钮。

◆ 在【程序】下拉列表中选取【PROGRAM】选项为程序名。

◆ 在【刀具】下拉列表中选取【D25】。

◆ 在【几何体】下拉列表中选取【MILL_BND】选项。

◆ 在【方法】下拉列表中选取【MILL_R】选项。

◆【名称】一栏为默认的【PL_1】名称，单击 应用 进入【平面铣】对话框，如图 4-83 所示。

步骤 5：在【平面铣】对话框中设置如下参数。

（1）刀轨设置

◆ 在【切削参数】下拉选项选取【跟随部件】。

◆ 在【步距】下拉选项选取【刀具直径】。

◆ 在【百分比】中输入 70%，结果如图 4-84 所示。

（2）切削层设置

图 4-82　创建工序对话框

图 4-83　平面铣对话框

图 4-84　刀轨设置

◆ 在【平面铣】对话框中单击【切削层】图标 按钮，系统弹出【切削深度参数】对话框。

◆ 在【类型】下拉选项选取【固定深度】，接着在【最大值】文本框中输入 1，其余参数按默认，单击 确定 完成切削层操作，并返回【平面铣】对话框。

（3）切削参数设置

◆ 在【平面铣】对话框中单击【切削参数】图标 按钮，系统弹出【切削参数】对话框。

◆ 在【切削顺序】下拉选项选取【深度优先】选项，接着单击 余量 按钮，系统显示相关余量选项。

◆ 在【部件余量】文本框中输入 0.5，接着在【最终底部面余量】处输入 0.3，然后单击 连接 按钮，系统显示相关连接选项。

◆ 在【区域排序】下拉选项选取【优化】选项。

◆ 在【开放刀路】下拉选项选取【变换切削方式】选项，其余参数按系统默认，单击 确定 完成切削参数操作，并返回【平面铣】对话框。

（4）非切削移动参数设置

◆ 在【平面铣】对话框中单击【非切削移动】图标 按钮，系统弹出【非切削运动】对话框。

◆ 在【进刀类型】下拉选项选取【沿形状斜进刀】选项。

◆ 在【高度】文本框中输入 6mm。

◆ 在【类型】下拉选项选取【圆弧】选项。

◆ 在【半径】文本框中输入 5mm，接着单击 转移/快速 按钮，系统显示相关的快速/传递选项。

◆ 在【安全设置选项】下拉选项选取【自动】选项。

◆ 在【安全距离】文本框中输入 30。

◆ 在【传递使用】下拉选项选取【进刀/退刀】。

◆ 在【传递类型】下拉选项选取【前一平面】。

◆ 在【安全距离】文本框中输入 5。

◆ 在【传递类型】下拉选项选取【前一平面】。

◆ 在【安全距离】文本框中输入 3，其余参数按系统默认，单击 确定 完成【非切削运动】参数设置，并返回【平面铣】对话框。

（5）进给与主轴转速参数设置

◆ 在【平面铣】对话框中单击【进给和速度】图标 按钮，系统弹出【进给】对话框。

◆ 在【主转速度】文本框中输入 1000，接着在【切削】文本框中输入 1200，其余参数按系统默认，单击 确定 完成【进给和速度】的参数设置。

步骤 6： 粗加工刀具路径生成。

在平面铣参数设置对话框中单击生成图标 按钮，系统会开始计算刀具路径，计算完成后，单击 确定 完成粗加工刀具路径操作，结果如图 4-85 所示。

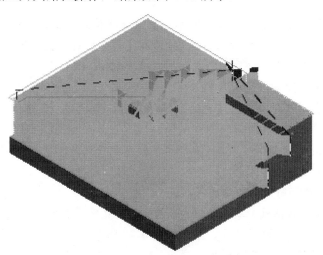

图 4-85　粗加工刀具路径

步骤 7： 中加工侧壁刀具路径创建。

为了读者更快上手和掌握编程的技巧，本步骤中将采用复制刀具路径方法，进行创建中加工刀具路径。在【工序导航器】工具条中单击图标 按钮，系统在工序导航器中显示加工方法视图。

◆ 单击 MILL_R 前面的+，读者会看到名为 PL_1 的刀具路径。

◆ 将鼠标移至 PL_1 刀具路径中，单击右键系统弹出快捷方式。

◆ 在快捷方式单击【复制】，接着将鼠标移至 ⊞MILL_M中，单击右键系统弹出快捷方式，然后单击【内部粘贴】选项，此时读者可以看到 ⊞MILL_M前面多了个减号和一个过时的刀具路径名 ◎⊞PL_1_COPY；最后将 ◎⊞PL_1_COPY更名为 ◎⊞PL_2。

◆ 在 ◎⊞PL_2对象中双击左键，系统弹出【平面铣】对话框。

（1）刀轨设置

◆ 在【切削参数】下拉选项选取【配置文件】。

◆ 在【步距】下拉选项选取【刀具直径】。

◆ 在【百分比】文本框中按系统默认，接着在【附加刀路】文本框中输入0，设置结果如图4-86所示。

切削模式	轮廓加工
步距	刀具平直百分比
平面直径百分比	50.00000
附加刀路	0

图4-86 切削模式与步距

（2）切削层设置

◆ 在【平面铣】对话框中单击【切削层】图标█按钮，系统弹出【切削深度参数】对话框。

◆ 在【类型】下拉选项选取【固定深度】选项。

◆ 在【最大值】文本框中输入3，其余参数按默认，单击 █确定 完成切削层操作。

（3）切削参数设置

◆ 在【平面铣】对话框中单击【切削参数】图标█按钮，系统弹出【切削参数】对话框。

◆ 在【部件余量】文本框中输入0.3，接着在【最终底部面余量】文本框中输入0，其他切削参数按粗加工设置，单击 █确定 完成切削参数操作。

（4）进给与主轴转速参数设置

◆ 在【平面铣】对话框中单击【进给和速度】图标█按钮，系统弹出【进给】对话框。

◆ 在【主转速度】文本框中输入1500。

◆ 在【切削】文本框中输入450，其余参数按系统默认，单击 █确定 完成【进给和速度】的参数设置。

步骤8：中加工侧壁刀具路径生成。

在平面铣参数设置对话框中单击生成图标█按钮，系统会开始计算刀具路径，计算完成后，单击 █确定 完成中加工刀具路径操作，结果如图4-87所示。

步骤9：精加工侧壁刀具路径创建。

依照步骤8中的操作过程，将 ⊞PL_2复制至 ⊞MILL_F方法下，同时将 ◎⊞PL_2_COPY刀具路径更名为 ◎⊞PL_3，接着双击 ◎⊞PL_3刀具路径，系统会弹出【平面铣】参数设置对话框。

（1）切削层设置

◆ 在【平面铣】对话框中单击【切削层】图标█按钮，系统弹出【切削深度参数】对话框。

◆ 在【类型】下拉选项选取【固定深度】。

◆ 在【最大值】处输入切削深度5mm，其余参数按系统默认，单击 █确定 完成切削层设置。

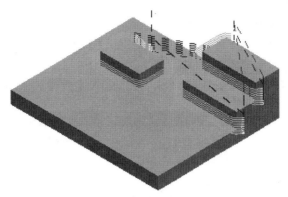

图 4-87　中加工侧壁刀具路径

（2）切削参数设置

◆ 在【平面铣】对话框中单击单击【切削参数】图标 按钮，系统弹出切削参数对话框。

◆ 在【部件余量】文本框中输入 0，接着在【最终底部面余量】文本框中输入 0，其余切削参数按中加工设置，单击 确定 完成切削参数设置。

（3）进给与主轴转速参数设置

◆ 在【平面铣】对话框中单击【进给和速度】图标 按钮，系统弹出【进给】对话框。

◆ 在【主转速度】文本框中输入 2500。

◆ 在【切削】文本框中输入 450，其余参数按系统默认，单击 确定 完成进给与主轴转速参数设置。

步骤 10：精加工侧壁刀具路径生成。

在平面铣参数设置对话框中单击生成图标 按钮，系统会开始计算刀具路径，计算完成后，单击 确定 完成精加工刀具路径操作，结果如图 4-88 所示。

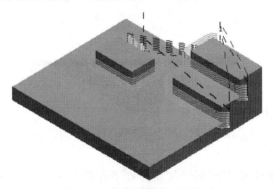

图 4-88　精加工侧壁刀具路径

至此，芯部的粗、精加工已完成，现在只剩下底面精加工，接下来将向读者介绍底面精加工操作。

步骤 11：底面精加工刀具路径创建。

在【刀片】工具栏中单击图标 按钮，系统弹出【创建工序】对话框。

◆ 在【类型】下拉列表中选择【mill_planar】选项。

◆ 在【子类型】选项卡中单击图标 按钮。

◆ 在【程序】下拉列表中选择【PROGRAM】选项为程序名。

◆ 在【刀具】下拉列表中选择【D25】。

◆ 在【几何体】下拉列表中选择【WORKPIECE】选项。

◆ 在【方法】下拉列表中选择【MILL_F】选项。

◆ 在【名称】文本框中输入 FA_1，单击 应用 进入【面铣】对话框，如图 4-89 所示。

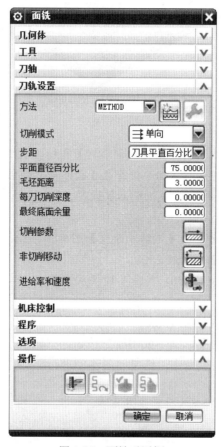

图 4-89 面铣对话框

步骤 12：在【面铣】对话框中设置如下参数。

（1）在【面铣】对话框单击【指定面边界】图标🔘按钮，系统弹出【指定面几何体】对话框，如图 4-90 所示。

在【指定面几何体】中单击图标🔲按钮，接着在作图区选择最低平面为面几何边界，如图 4-91 所示；其余参数按系统默认，单击 确定 完成指定面边界操作，并返回【面铣】操作对话框。

（2）刀轨设置

◆ 在【切削参数】下拉选项选择【跟随周边】选项。

◆ 在【步距】下拉选项选择【刀具直径】选项。

◆ 在【百分比】文本框中输入 30%。

◆ 在【毛坯距离】文本框中输入 3。

◆ 在【每一刀的深度】文本框中中输入 0。

◆ 在【最终底面余量】文本框中输入 0，结果如图 4-92 所示。

图 4-90 指定面几何体对话框

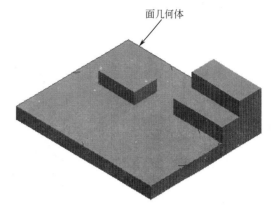

图 4-91 指定面几何边界

图 4-92 刀轨设置

（3）切削参数设置

◆ 在【面铣】对话框中单击【切削参数】图标 按钮，系统弹出【切削参数】对话框。

◆ 在【切削参数】对话框中单击 余量 按钮，系统显示相关余量选项；接着在【部件余量】文本框中输入 3，【壁余量】文本框中输入 0，其余参数按系统默认，单击 确定 完成切削参数操作。

（4）非切削移动参数设置

◆ 在【面铣】对话框中单击【非切削移动】图标 按钮，系统弹出【非切削移动】对话框。

◆ 在【进刀类型】下拉选项选择【插铣】选项。

◆ 在【高度】文本框中处输入 6mm。

◆ 在【类型】下拉选项选择【圆弧】选项。

◆ 在【半径】文本框中输入 5mm。

◆ 在【圆弧角度】文本框中输入 90。

◆ 在【非切削移动】对话框中单击 转移/快速 按钮，系统显示相关余量选项；接着在【安全设置选项】下拉选项中选择【自动】选项，在【安全距离】文本框中输入 30，其余参数按系统默认，单击 确定 完成非切削移动参数操作。

（5）进给和速度参数设置

◆ 在【面铣】对话框中单击【进给和速度】图标 按钮，系统弹出【进给】对话框，接着在【主转速度】文本框输入 2500，在【切削】文本框中输入 250，其余参数按系统默认，单

击 确定 完成进给和速度参数操作。

步骤 13：精加工底面刀具路径生成。

在平面铣参数设置对话框中单击生成图标 按钮，系统会开始计算刀具路径，计算完成后，单击 确定 完成精加工刀具路径操作，结果如图 4-93 所示。

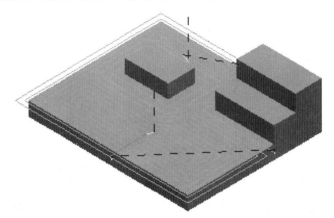

图 4-93　精加工底面刀具路径

步骤 14：刀具路径的验证。

◆ 在【工序导航器】工具条中单击图标 按钮，此时工序导航器页面显示为几何视图。

◆ 在几何视图页面单击【MCS】，此时【加工操作】工具条被激活，接着在【加工操作】工具条中单击图标 按钮，系统弹出【刀轨可视化】对话框，如图 4-94 所示。

图 4-94　刀轨可视化对话框

图 4-95　刀具路径仿真结果

◆ 在【刀轨可视化】对话框单击 2D 动态 按钮，接着再单击播放图标 ▶ 按钮，系统会出现仿真操作，最终效果如图 4-95 所示。

专家点拨：如果低平面是平的面，通常是用平面铣或面铣进行精加工。

 想想练练

1. 填空题

（1）平面铣的加工特点是_____。

（2）平面铣加工几何体类型包括_____5种几何体。

（3）切削步进是指_____。

（4）检查几何体用以指定_____的部位。

（5）修剪几何体可以指定_____切削区域的边界。

2. 简答题

（1）平面铣数控加工的形状应该有哪些特点？

（2）平面铣有哪几种切削模式？

（3）平面铣与面铣的区别是什么？

项目五 型腔铣与深度轮廓铣

项目工作情境

本项目通过各种相关案例，要求学生掌握型腔铣与深度轮廓铣的创建，型腔铣与深度轮廓铣参数设置，型腔铣与深度轮廓铣几何体设置等。

项目学习目标

☆ 掌握型腔铣几何体设置；
☆ 掌握型腔铣操作与参数设置；
☆ 掌握深度轮廓铣操作；
☆ 掌握深度轮廓铣切削参数设置；
☆ 能正确设置深度轮廓铣非切削参数。

任务一 型腔铣加工特点

理论知识

一、型腔铣操作特点

型腔铣操作可加工的形状具体特点如下：平面铣无法加工的包含曲面的任何形状的部件；型腔铣是用于切削具有带拔模角的壁以及带轮廓的底面的部件，如图5-1所示。

型腔铣和平面铣比较，在操作参数方面主要提及在定义部件几何体和毛坯几何体的对象有重大差别：平面铣是使用边界进行定义部件材料，而型腔铣可以使用边界、面、曲线和实体来定义部件材料，同时，在指定切削深度的方法也不同。

二、型腔铣特有选项

型腔铣中的切削层是为型腔铣操作指定切削平面。切削层由切削深度范围和每层深度来定义。一个范围由两个垂直于刀轴矢量的小平面来定义，同时可以定义多个切削范围，每个切削范围可以根据部件几何的形状确定切削层的深度。一般部件表面区域如果比较平坦，则可以设置较小的切削层深度；如果比较陡峭，则可以设置较大的切削层深度。

在型腔铣对话框中单击切削层图标![图标]，系统将弹出切削层对话框，如图5-2所示。对话框顶部有3个图标用来定义范围类型：自动生成![图标]、用户定义![图标]、单个![图标]。

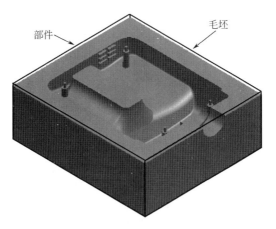

图 5-1 部件与毛坯几何

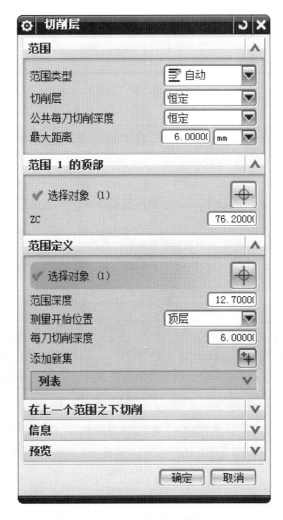

图 5-2 切削层对话框

1. 自动生成

自动生成将范围设置为与任何水平平面对齐，这些是部件的关键深度。只要没有添加或修改局部范围，切削层将保持与部件的关联性，系统将检测部件上的新的水平表面，并添加关键层与之匹配。选择这种方式定义切削层时，系统会自动寻找部件中垂直于刀轴矢量的平面。在两平面之间定义一个切削范围，并且在两个平面上生成一种较大的三角形平面和一种较小的三角形平面，每两个较大的三角形平面之间表示一个切削层，每两个小三角形平面之间表示范围内的切削深度。如图 5-3 所示。

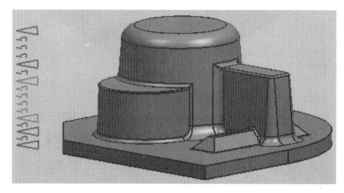

图 5-3　自动生成切削层图例

2. 用户定义

允许用户通过定义每个新范围的底面来创建范围，通过选择面定义的范围将保持与部件的关联性，但不会检测新的水平表面。

3. 单个

根据部件和毛坯几何体设置一个切削范围，如图 5-4 所示。

图 5-4　单个切削层图例

操作技能

一、型腔铣加工

步骤 1：运行 UG NX8.5 软件。

步骤 2: 选取主菜单的【文件】|【打开】命令, 或单击工具栏的图标 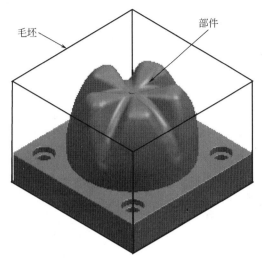按钮, 系统将弹出【打开部件文件】对话框, 在此找到放置练习文件夹 ch5 并选取 exe1.prt 文件, 再单击 OK 进入 UG 加工主界面, 如图 5-5 所示; 同时, 在加工导航器中已经设置好了相关的父节点。

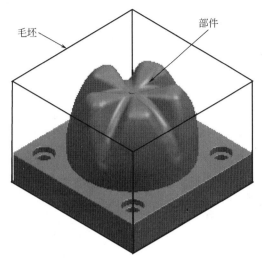

图 5-5　部件与毛坯对象

步骤 3: 在【刀片】工具栏中单击图标 按钮, 系统弹出【创建工序】对话框, 如图 5-6 所示。

◆ 在【类型】下拉列表中选取【mill_contour】选项。

◆ 在【子类型】选项卡中单击图标 按钮。

◆ 在【程序】下拉列表中选取【PROGRAM】选项为程序名。

◆ 【刀具】下拉列表中选取【D16r0.8】。

◆ 【几何体】下拉列表中选取【WORKPIECE】选项。

◆ 在【方法】下拉列表中选取【MILL_R】选项。

◆ 【名称】一栏为默认的【CA_1】名称, 单击 应用 进入【型腔铣】对话框, 如图 5-7 所示。

步骤 4: 在【型腔铣】对话框中设置如下参数。

（1）刀轨设置

◆ 在【切削参数】下拉选项选取【跟随部件】选项。

◆ 在【步距】下拉选项选取【刀具平直百分比】选项。

◆ 在【百分比】文本框中输入 70%, 接着在【最大距离】文本框中输入 2, 结果如图 5-8 所示。

（2）切削参数设置

◆ 在【型腔铣】对话框中单击【切削参数】图标 按钮, 系统弹出【切削参数】对话框。

◆ 在【切削顺序】下拉选项选取【深度优先】选项, 接着单击 余量 按钮, 系统显示相关余量选项。

◆ 在【部件余量】文本框中输入 0.5, 接着在【部件底部面余量】处输入 0.3, 然后单击 连接 按钮, 系统显示相关连接选项。

◆ 在【区域排序】下拉选项选取【优化】选项。

图 5-6 创建工序对话框

图 5-7 型腔铣对话框

图 5-8 刀轨设置

◆ 在【开放刀路】下拉选项选取【变换切削方式】选项，其余参数按系统默认，单击 确定 完成切削参数操作，并返回【型腔铣】对话框。

（3）非切削移动参数设置

◆ 在【型腔铣】对话框中单击【非切削移动】图标 按钮，系统弹出【非切削运动】对话框。

◆ 在【进刀类型】下拉选项选取【沿形状斜进刀】选项。

◆ 在【高度】文本框中输入 6mm。

◆ 在【类型】下拉选项选取【圆弧】选项。

◆ 在【半径】文本框中输入 5mm，接着单击 转移/快速 按钮，系统显示相关的转移/快速选项。

◆ 在【安全设置选项】下拉选项选取【自动】选项。

◆ 在【安全距离】文本框中输入 30。

◆ 在【传递使用】下拉选项选取【进刀/退刀】。

◆ 在【传递类型】下拉选项选取【前一平面】。

◆ 在【安全距离】文本框中输入 5。

◆ 在【传递类型】下拉选项选取【前一平面】。

◆ 在【安全距离】文本框中输入 3，其余参数按系统默认，单击 确定 完成【非切削运动】参数设置，并返回返回【型腔铣】对话框。

（4）进给与主轴转速参数设置

◆ 在【型腔铣】对话框中单击【进给和速度】图标 按钮，系统弹出【进给】对话框。

◆ 在【主转速度】文本框中输入 1000，接着在【切削】文本框中输入 1200，其余参数按系统默认，单击 确定 完成【进给和速度】的参数设置。

步骤 5：型腔铣刀具路径生成。

◆ 在型腔铣参数设置对话框中单击生成图标 按钮，系统会开始计算刀具路径，计算完成后，单击 确定 完成型腔铣刀具路径操作，结果如图 5-9 所示。

◆ 单击图标 （确认）按钮，系统弹出【可视化刀轨轨迹】对话框，然后在对话框中单击 2D 动态，最后再单击 ▶ 按钮，做图区出现了动态仿真的画面，仿真完成后单击两次 确定，完成整个型腔铣操作。完成结果如图 5-10 所示。

（注：不要关闭，下一实例将继续使用）

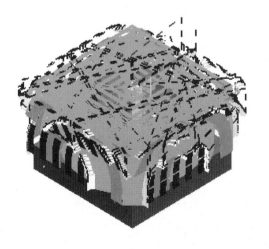

图 5-9 刀轨计算结果

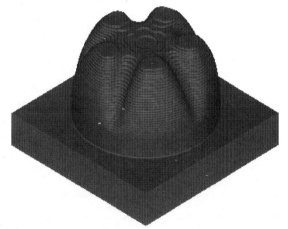

图 5-10 仿真结果

二、型腔铣二次开粗

步骤 1：接上一实例。

步骤 2：在【刀片】工具栏中单击图标 按钮，系统弹出【创建工序】对话框。

◆ 在【类型】下拉列表中选取【mill_contour】选项。

◆ 在【子类型】选项卡中单击图标 按钮。

◆ 在【程序】下拉列表中选取【CORE】选项为程序名。

◆ 在【刀具】下拉列表中选取【D6】。

◆ 在【几何体】下拉列表中选取【WORKPIECE】选项。

◆ 在【方法】下拉列表中选取【MILL_R】选项。

◆ 【名称】一栏为默认的【RE_1】名称，单击 应用 进入【剩余铣】对话框，如图 5-11 所示。

步骤 3：在【剩余铣】对话框设置如下参数。

（1）设置加工区域

◆ 在【指定切削区域】处单击图标 按钮，系统弹出【切削区域】对话框，如图 5-12 所示。

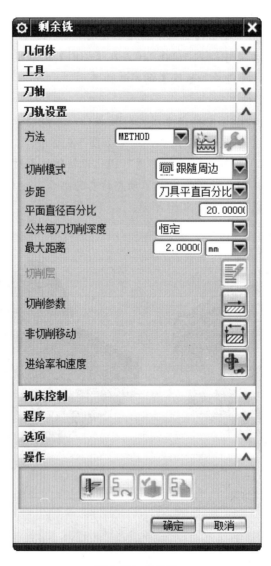

图 5-11　剩余铣

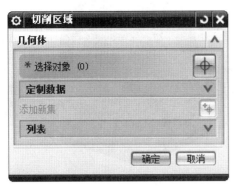

图 5-12　切削区域对话框

加工区域

图 5-13　加工区域对象

◆ 在作图区选取型芯面为加工区域面，如图 5-13 所示，其余参数按系统默认，单击 确定 按钮完成切削区域操作，并返回【剩余铣】对话框。

（2）刀轨设置

◆ 在【切削参数】下拉选项选取【跟随周边】选项。

◆ 在【步距】下拉选项选取【%刀具平直】选项。

◆ 在【百分比】文本框中输入 20%，接着在【最大距离】文本框中输入 2，结果如图 5-14 所示。

图 5-14　刀轨设置

（3）切削参数设置

◆ 在【剩余铣】对话框中单击【切削参数】图标 按钮，系统弹出【切削参数】对话框。

◆ 在【部件余量】文本框中输入 0.5，接着在【部件底部面余量】处输入 0.3，然后单击 连接 按钮，系统显示相关连接选项。

◆ 在【区域排序】下拉选项选取【优化】选项。

◆ 在【开放刀路】下拉选项选取【变换切削方式】选项，其余参数按系统默认，单击 确定 按钮完成切削参数操作，并返回【剩余铣】对话框。

步骤 4：型腔铣二次开粗刀具路径生成

◆ 在剩余铣参数设置对话框中单击生成图标 按钮，系统会开始计算刀具路径，计算完成后，单击 确定 完成型腔铣刀具路径操作，结果如图 5-15 所示。

◆ 在【操作】工具条单击图标 （确认）按钮，系统弹出【可视化刀轨轨迹】对话框，然后在对话框中单击 2D 动态 ，最后再单击 按钮，作图区出现了动态仿真的画面，仿真完成后单击两次 确定 ，完成整个型腔铣操作。完成结果如图 5-16 所示。

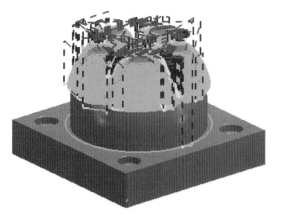

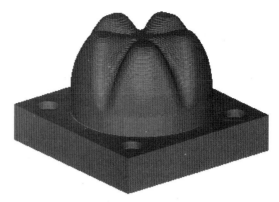

图 5-15　刀轨计算结果　　　　　　　　　　图 5-16　仿真结果

专家点拨：1. 剩余铣操作过程是 UG NX8.5 新增的功能。2. 在使用剩余铣操作时，用户所选的刀具必须要小于上一刀具平直百分比，否则无法加工。3. 在 UG NX8.5 中可以利用参考刀具选项完成二次开粗。

三、型腔铣切削参数与非切削移动设置

步骤 1：运行 UG NX8.5 软件。

步骤 2：选取主菜单的【文件】|【打开】命令，或单击工具栏的图标 按钮，系统将弹出【打开部件文件】对话框，在此找到放置练习文件夹 ch5 并选取 exe2.prt 文件，再单击 进入 UG 加工主界面，如图 5-17 所示；同时，在加工导航器中已经设置好了相关的父节点。

步骤 3：在显示资源条中单击加工操作导航器图标 按钮，系统会弹出操作导航器页面。

◆ 在操作导航器工具条中单击图标 按钮，此时操作导航器页面会显示为几何视图，如图 5-18 所示。

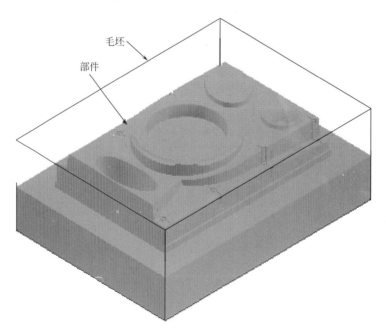

图 5-17　部件与毛坯对象

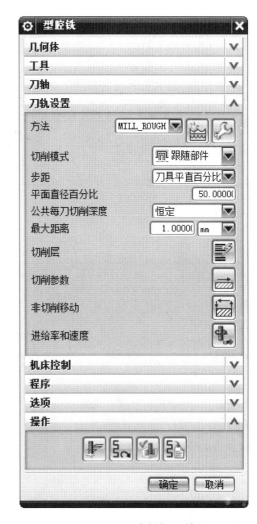

图 5-19　型腔铣对话框

图 5-18　几何视图

◆ 在几何视图中双击 CA1刀轨对象，系统弹出【型腔铣】对话框，如图 5-19 所示。

步骤 4： 在型腔铣对话框中设置如下参数。

（1）切削参数设置

◆ 在【型腔铣】对话框中单击【切削参数】图标按钮，系统弹出【切削参数】对话框。

◆ 在【切削顺序】下拉选项选取【深度优先】选项，接着单击 余量 按钮，系统显示相关余量选项。

◆ 在【部件余量】文本框中输入 0.5，接着在【部件底部面余量】处输入 0.3，然后单击 连接 按钮，系统显示相关连接选项。

◆ 在【区域排序】下拉选项选取【优化】选项。

◆ 在【开放刀路】下拉选项选取【变换切削方式】选项，其余参数按系统默认，单击 确定 完成切削参数操作，并返回【型腔铣】对话框。

（2）非切削移动设置

① 封密区域设置

◆ 在【型腔铣】对话框中单击图标按钮，系统弹出【非切削移动】对话框。

◆ 在【非切削移动】对话框中单击 进刀 选项，接着在进刀类型下拉选项选取 螺旋 选项，然后在直径文本框中输入 65；在最小安全距离文本框中输入 1；在最小倾斜长度文本框中输入 0。

② 开放区域设置

◆ 在进刀类型下拉选项选取 圆弧 选项，接着在半径文本框中输入 5；然后在【非切削移动】对话框中单击 传递/快速 选项，系统显示相关 转移/快速 选项，如图 5-20 所示。

③ 传递/快速选项设置

◆ 在安全设置选项选取 平面 选项，接着单击图标 按钮，系统弹出【平面】对话框，如图 5-21 所示。

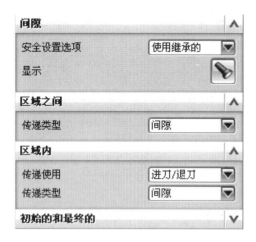

图 5-20　转移/快速选项　　　　　　　　图 5-21　平面对话框

◆ 在作图区选取工件最顶面的面为偏置参考面，接着在偏置文本框输入 30，其余参数按系统默认，单击 确定 完成平面设置，并返回【非切削移动】对话框。

◆ 在 区域之间 下拉选项中将传递类型选项设置为 前一平面 ，接着在安全距离文本框中输入 5。

◆ 在 区域内 下拉选项中将传递使用选项设置为 抬刀和插削 ，接着在抬刀/插削高度文本框中输入 5；然后在传递类型选项设置为 前一平面 ，最后在安全距离文本框中输入 5，其余参数按系统默认，单击 确定 完成非切削移动，并返回【型腔铣】对话框。

步骤 5： 在型腔铣参数设置对话框中单击生成图标 按钮，系统会开始计算刀具路径，计算完成后，单击 确定 完成型腔铣刀具路径操作，刀轨计算结果如图 5-22 所示。

专家点拨： 在 UG NX8.5 的切削参数与非切削移动参数设置过程时，一般参数都可按照系统的内定参数，只有个别是需要用户进行设定的。

四、插铣

步骤 1： 运行 UG NX8.5 软件。

步骤 2： 选取主菜单的【文件】|【打开】命令，或单击工具栏的图标 按钮，系统将弹出【打开部件文件】对话框，在此找到放置练习文件夹 ch5 并选取 exe3.prt 文件，再单击 OK 进入 UG 加工主界面，如图 5-23 所示；同时，在加工导航器中已经设置好了相关的父节点。

步骤 3： 在【刀片】工具条中单击图标 按钮，系统弹出【创建工序】对话框。

◆ 在【类型】下拉列表中选择【mill_contour】选项。

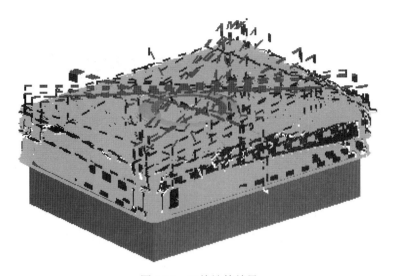

图 5-22　刀轨计算结果

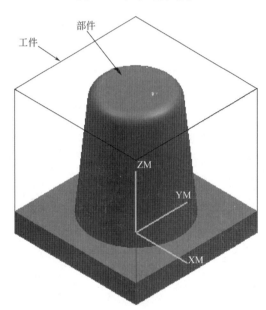

图 5-23　部件与毛坯对象

◆ 在【操作子类型】选项卡中单击图标![]按钮。

◆ 在【程序】下拉列表中选择【PROGRAM】选项为程序名。

◆ 在【刀具】下拉列表中选择【D20】。

◆ 在【几何体】下拉列表中选择【WORKPIECE】选项。

◆ 在【方法】下拉列表中选择【MILL_R】选项。

◆ 在【名称】文本框中输入 PLU_1，单击 应用 系统弹出【插铣】对话框，如图 5-24 所示。

步骤 4：在插铣对话框中设置如下参数。

◆ 在【插铣】对话框中单击【切削参数】图标![]按钮，系统弹出【切削参数】对话框。

◆ 在【切削参数】对话框中单击 余量 按钮，系统显示相关余量选项。

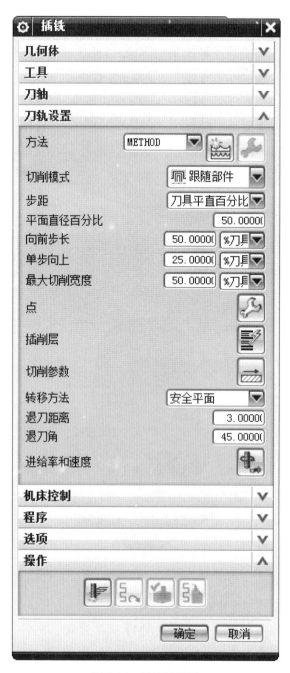

图 5-24　插铣对话框

◆ 在【部件余量】文本框中输入 0.5，接着在【部件底部面余量】处输入 0.3，然后单击 连接 按钮，系统显示相关连接选项。

◆ 在【区域排序】下拉选项选取【优化】选项。

◆ 在【开放刀路】下拉选项选取【变换切削方式】选项，其余参数按系统默认，单击 确定 完成切削参数操作，并返回【插铣】对话框。

步骤 5: 其余参数按系统默认,在插铣参数设置对话框中单击生成图标按钮,系统会开始计算刀具路径,计算完成后,单击 **确定** 完成插铣刀具路径操作,刀轨计算结果如图 5-25 所示。

◆ 在【操作】工具条单击图标▓(确认)按钮,系统弹出【可视化刀轨轨迹】对话框,然后在对话框中单击 2D 动态,最后再单击▶按钮,作图区出现了动态仿真的画面,仿真完成后单击两次 **确定**,完成整个插铣操作。完成结果如图 5-26 所示。

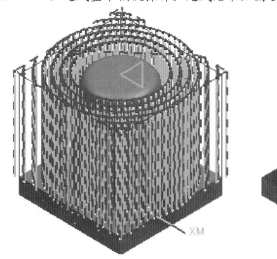
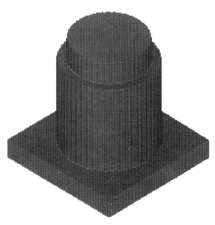

图 5-25　刀轨计算结果　　　　　　图 5-26　插铣仿真结果

专家点拨: 插铣是 NX4.0 新增的功能,插铣主要用于加工桶状或比较深腔的模具对象。

任务二　深度加工轮廓铣

理论知识

深度加工轮廓铣用于固定轴半精加工和精加工。深度加工轮廓铣在陡峭壁上保持近似恒定的残余高度和切屑负荷,对高速加工尤其有效。

一、深度加工轮廓铣的加工范围

用深度加工轮廓铣铣,可以执行以下工序。

◆ 对整个部件进行轮廓加工,或者指定陡峭空间范围,以便仅对陡峭度超过指定角度的区域进行轮廓加工。

◆ 一个工序中切削多层,也可在一个工序中切削多个特征(区域)。

◆ 对薄壁部件按层(水线)进行切削。

◆ 保持刀具的切削位置不变,以便其始终与材料保持接触状态,通过设置相关选项允许切削整个区域而不用抬刀,如层到层、混合切削方向。

二、使用深度加工轮廓铣的优点

在有些情况中,使用轮廓切削模式的型腔铣可以生成类似的刀轨,但深度加工轮廓铣对于半精加工和精加工具有以下优点。

◆ 深度加工轮廓铣不需要毛坯几何体,深度加工轮廓铣具有陡峭空间范围。

◆ 当首先进行深度切削时，深度加工轮廓铣按形状进行排序，而型腔铣按区域进行排序。这就意味着岛部件形状上的所有层都将在移至下一个岛之前进行切削。

◆ 在封闭形状上，深度加工轮廓铣可以通过直接斜削到部件上，并在层之间移动，从而创建螺旋线形刀轨。

◆ 在开放形状上，深度加工轮廓铣可以交替方向进行切削，从而沿着壁向下创建往复运动。

一、深度加工轮廓铣

步骤1： 运行 UG NX8.5 软件。

步骤2： 选择主菜单的【文件】|【打开】命令，或单击工具栏图标 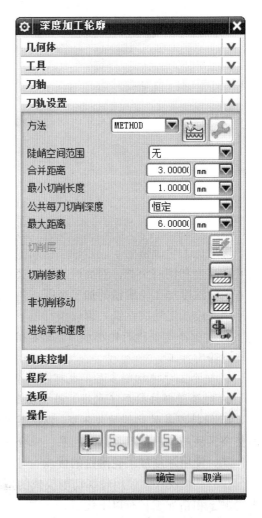 按钮，将弹出【打开部件文件】对话框，在此找到放置练习文件夹 ch5 并选择 exe4.prt 文件，单击 OK 进入 UG 加工界面，如图 5-27 所示。同时，在加工导航器中已经设置好了相关的父节点。

步骤3： 在【刀片】工具条中单击图标 按钮，系统弹出【创建工序】对话框。

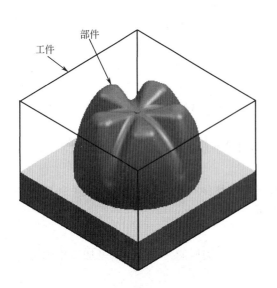

图 5-27　部件和毛坯对象

图 5-28　深度加工轮廓对话框

◆ 在【类型】下拉列表中选择【mill_contour】选项。

◆ 在【操作子类型】选项卡中单击图标🔳按钮。

◆ 在【程序】下拉列表中选择【CORE】选项为程序名。

◆ 在【刀具】下拉列表中选择【D6R3】。

◆ 在【几何体】下拉列表中选择【WORKPIECE】选项。

◆ 在【方法】下拉列表中选择【MILL_M】选项。

◆ 在【名称】文本框中输入 ZL_1，单击 确定 系统弹出【深度加工轮廓】对话框，如图 5-28 所示。

步骤 4： 在深度加工轮廓对话框中设置如下参数。

（1）设置加工区域

◆ 在【指定切削区域】处单击图标🖱按钮，系统弹出【切削区域】对话框，如图 5-29 所示。

◆ 在作图区选取型芯面为加工区域面，如图 5-30 所示，其余参数按系统默认，单击 确定 完成切削区域操作，并返回【深度加工轮廓】对话框。

图 5-29 切削区域对话框

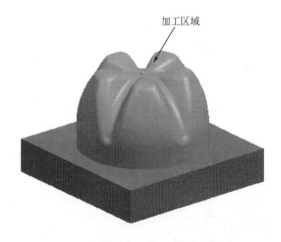

图 5-30 加工区域对象

（2）刀轨设置

◆ 在合并距离文本框中输入 20。

◆ 在最小切削长度文本框中输入 3。

◆ 在最大距离文本框中输入 0.5，刀轨设置如图 5-31 所示。

陡峭空间范围	无	
合并距离	20.0000(	mm
最小切削长度	3.0000(	mm
公共每刀切削深度	恒定	
最大距离	0.5000(	mm

图 5-31 刀轨设置

（3）切削参数设置

◆ 在【深度加工轮廓】对话框中单击【切削参数】图标 按钮，系统弹出【切削参数】对话框。

◆ 在【部件余量】文本框中输入 0.5，接着在【部件底部面余量】处输入 0.3，然后单击 连接 按钮，系统显示相关连接选项。

◆ 在 层到层 下拉选项选取 沿部件斜进刀 选项，接着在 倾斜角度 文本框中输入 30。

◆ 钩选 ☑在层之间切削 选项，其余参数按系统默认，单击 确定 完成切削参数操作，同时系统返回【深度加工轮廓】对话框。

（4）非切削移动

① 封密区域设置

◆ 在【深度加工轮廓】对话框中单击图标 按钮，系统弹出【非切削移动】对话框。

◆ 在【非切削移动】对话框中单击 进刀 选项，接着在 进刀类型 下拉选项选取 螺旋 选项，然后在 直径 文本框中输入 65；在 最小安全距离 文本框中输入 1；在 最小倾斜长度 文本框中输入 0。

② 开放区域设置

◆ 在 进刀类型 下拉选项选取 圆弧 选项，接着在 半径 文本框中输入 5；然后在【非切削移动】对话框中单击 转移/快速 选项，系统显示相关 转移/快速 选项，如图 5-32 所示。

③ 传递/快速选项设置

◆ 在 安全设置选项 选取 平面 选项，接着单击图标 按钮，系统弹出【平面】对话框，如图 5-33 所示。

图 5-32　转移/快速选项

图 5-33　平面对话框

◆ 在作图区选取工件最顶面的面为偏置参考面，接着在 偏置 文本框输入 30，其余参数按系统默认，单击 确定 完成平面设置，并返回【非切削移动】对话框。

◆ 在 区域之间 下拉选项中将 传递类型 选项设置为 前一平面 ，接着在 安全距离 文本框中输入 5。

◆ 在 区域内 下拉选项中将 传递使用 选项设置为 抬刀和插削 ，接着在 抬刀/插削高度 文本框中输入 5；然后在 传递类型 选项设置为 前一平面 ，最后在 安全距离 文本框中输入 5，其余参数按系统默认，单击 确定 完成非切削移动，并返回【深度加工轮廓】对话框。

步骤 5: 刀轨路径生成及仿真。

◆ 在【深度加工轮廓】中单击图标 ▶ 按钮, 系统开始计算刀轨, 计算后生成的刀轨如图 5-34 所示。

◆ 单击图标 ▣ (确认)按钮, 系统弹出【刀轨可视化】对话框, 然后在对话框中单击 ²ᴰ 动态, 最后再单击 ▶ 按钮, 作图区出现了动态仿真的画面, 仿真完成后单击两次 确定, 完成整个型腔铣操作, 完成结果如图 5-35 所示。

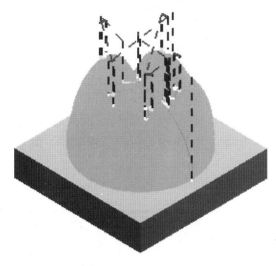
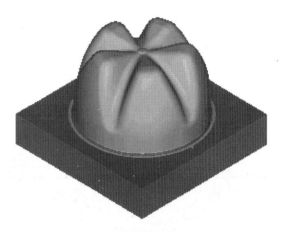

图 5-34 计算后生成的刀轨　　　　　　　　　　　　图 5-35 仿真结果

专家点拨: 1. 深度加工轮廓铣切削加工用于在陡峭壁上保持将近恒定的残余波峰高度和切屑量, 对"高速加工"尤其有效。2. 对薄壁工件可以按层进行切削, 同时可以对不同的陡峭面进行角度控制, 以达到更好的加工效果。3.结合曲面固定轴轮廓铣方法, 可以完整地进行精修模具。

二、深度加工轮廓铣削中处理圆弧面接刀痕技巧

步骤 1: 运行 UG NX8.5 软件。

步骤 2: 选择主菜单的【文件】|【打开】命令, 或单击工具栏图标 ⬚ 按钮, 将弹出【打开部件文件】对话框, 在此找到放置练习文件夹 ch5 并选择 exe5.prt 文件, 单击 ᴼᴷ 进入 UG 加工界面。如图 5-36 所示。同时, 在加工导航器中已经设置好了相关的父节点。

步骤 3: 在【刀片】工具条中单击图标 ⬚ 按钮, 系统弹出【创建工序】对话框。

◆ 在【类型】下拉列表中选择【mill_contour】选项。

◆ 在【操作子类型】选项卡中单击图标 ⬚ 按钮。

◆ 在【程序】下拉列表中选择【CORE】选项为程序名。

◆ 在【刀具】下拉列表中选择【D10R5】。

◆ 在【几何体】下拉列表中选择【WORKPIECE】选项。

◆ 在【方法】下拉列表中选择【MILL_M】选项。

◆ 在【名称】文本框中输入 ZL_1, 单击 确定 系统弹出【深度加工轮廓】对话框, 如图 5-37 所示。

步骤 4: 在深度加工轮廓对话框中设置如下参数。

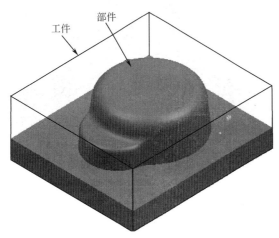

图 5-36　部件和毛坯对象

图 5-37　深度加工轮廓对话框

（1）设置加工区域

◆ 在【指定切削区域】处单击图标 按钮，系统弹出【切削区域】对话框，如图 5-38 所示。

◆ 在作图区选取型芯面为加工区域面，如图 5-39 所示，其余参数按系统默认，单击 确定 完成切削区域操作，并返回【深度加工轮】对话框。

（2）刀轨设置

◆ 在合并距离文本框中输入 6。

图 5-38　切削区域对话框

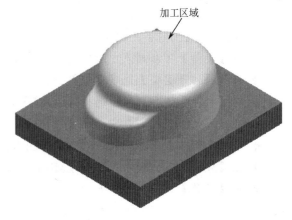

图 5-39　加工区域对象

陡峭空间范围	无	
合并距离	6.0000(	mm
最小切削长度	3.0000(	mm
公共每刀切削深度	恒定	
最大距离	0.5000(	mm

图 5-40 刀轨设置

◆ 在**最小切削长度**文本框中输入 3。

◆ 在**最大距离**文本框中输入 0.5，刀轨设置如图 5-40 所示。

（3）切削参数设置

◆ 在【深度加工轮廓】对话框中单击【切削参数】图标 按钮，系统弹出【切削参数】对话框。

◆ 在【部件侧壁余量】文本框中输入 0.5，接着在【部件底部面余量】处输入 0.3，然后单击 连接 按钮，系统显示相关连接选项。

◆ 在**层到层**下拉选项选取 沿部件斜进刀 选项，接着在**倾斜角度**文本框中输入 30。

◆ 钩选 ☑ **在层之间切削**选项，其余参数按系统默认，单击 确定 完成切削参数操作，同时系统返回【深度加工轮廓】对话框。

（4）非切削移动

① 封密区域设置

◆ 在【深度加工轮廓】对话框中单击图标 按钮，系统弹出【非切削移动】对话框。

◆ 在【非切削移动】对话框中单击 进刀 选项，接着在**进刀类型**下拉选项选取 螺旋 选项，然后在**直径**文本框中输入 65；在**最小安全距离**文本框中输入 1；在**最小倾斜长度**文本框中输入 0。

② 开放区域设置

◆ 在**进刀类型**下拉选项选取 圆弧 选项，接着在**半径**文本框中输入 5；然后在【非切削移动】对话框中单击 转移/快速 选项，系统显示相关 转移/快速 选项，如图 5-41 所示。

③ 传递/快速选项设置

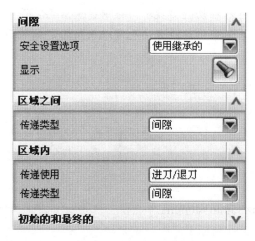

图 5-41 转移/快速选项

图 5-42 平面对话框

◆ 在**安全设置选项**选取 平面▼ 选项，如图 5-41 所示。接着单击图标 按钮，系统弹出【平面】对话框，如图 5-42 所示。

◆ 在作图区选取工件最顶面的面为偏置参考面，接着在**偏置**文本框输入 30，其余参数按系统默认，单击 确定 完成平面设置，并返回【非切削移动】对话框。

◆ 在 区域之间 ▼ 下拉选项中将**传递类型**选项设置为 前一平面▼ ，接着在**安全距离**文本框中输入 5。

◆ 在 区域内 ∧ 下拉选项中将**传递使用**选项设置为 抬刀和插削 ▼ ，接着在**抬刀/插削高度**文本框中输入 5；然后在**传递类型**选项设置为 前一平面▼ ，最后在**安全距离**文本框中输入 5，其余参数按系统默认，单击 确定 完成非切削移动，并返回【深度加工轮廓】对话框。

步骤 5：刀轨路径生成及仿真。

◆ 在【深度加工轮廓】中单击图标 按钮，系统开始计算刀轨，计算后生成的刀轨如图 5-43 所示。

◆ 单击图标 (确认)按钮，系统弹出【刀轨可视化】对话框，然后在对话框中单击 2D 动态，最后再单击 ▶ 按钮，作图区出现了动态仿真的画面，仿真完成后单击两次 确定 ，完成整个型腔铣操作，完成结果如图 5-44 所示。

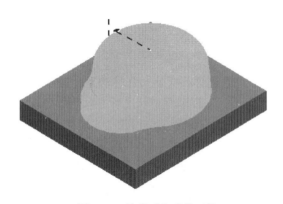
图 5-43　计算后生成的刀轨

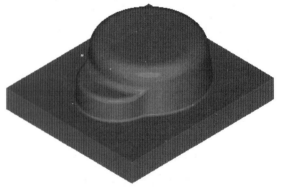
图 5-44　仿真结果

专家点拨：1.如果采用等高加工圆弧面时，用户可以在切削参数对话框中将 ☑在层之间切削 钩选选取，这样可以避免圆弧面出现台阶现象。2.如果不采用这种方法也可以采用固定轴曲面轮廓铣的方法进行加工圆弧面。

任务三　综合实例：型腔铣

一、工艺分析

（1）毛坯材料为国产 718，毛坯尺寸为 115mm×85mm×40mm。

（2）产品形状较为简单，分型面和圆弧面需要进行精加工。

（3）由于工件尺寸为立方体，需要去除的材料较多，因此首先可以采用型腔铣进行粗加工操作，并尽可能采用大刀进行加工，因此开粗可以选用 D16R0.8 飞刀（圆鼻刀）进行开粗。

（4）粗加工后圆弧面还有较大的余量，因此还必须选用一把较小的刀具进行二次开粗，这样才可以保证半精加工余量一致。

二、填写 CNC 加工程序单

（1）在立铣加工中心上加工，使用平口板进行装夹。

（2）加工坐标原点的设置：采用四面分中，X、Y 轴取在工件的中心；Z 轴取工件的最高顶平面。

（3）数控加工工艺及刀具选用如加工程序单所示。

模具名称：　PF501　模号：　　M501　　操作员：　　钟平福　　编程员：　　钟平福

计划时间：		描述：	
实际时间：			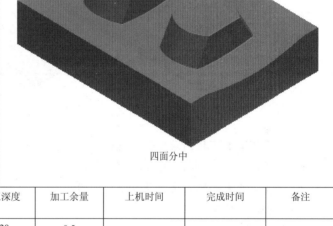
上机时间：			
下机时间：			
工作尺寸	单位：mm		
XC	115		
YC	85		
ZC	40		
工作数量：	1　件	四面分中	

程序名称	加工类型	刀具平直百分比	加工深度	加工余量	上机时间	完成时间	备注
型腔铣	开粗	D16R0.8	−20	0.5			
型腔铣	开粗	D8	−20	0.5			
面铣	精光	D12	−15	0			
等高	中光	D6R3	−20	0.3			
等高	精光	D6R3	−20	0			

 操作技能

步骤 1：运行 UG NX8.5 软件。

步骤 2：选择主菜单的【文件】|【打开】命令，或单击工具栏图标 按钮，将弹出【打开部件文件】对话框，在此找到放置练习文件夹 ch5 并选择 exe7.prt 文件，单击 进入 UG 加工界面，如图 5-45 所示。

步骤 3：创建父节点。

（1）创建程序组

在【刀片】工具栏中单击图标 按钮，系统弹出【创建程序】对话框。

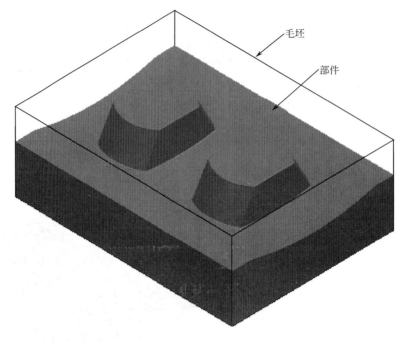

图 5-45 部件与毛坯对象

◆ 在【类型】下拉列表中选择【mill_contour】选项。

◆ 在【程序】下拉列表中选择【NC_PROGRAM】。

◆ 在【名称】处输入名称【core】，单击两次 确定 完成程序组操作，如图 5-46 所示。

（2）创建刀具组

在【刀片】工具栏中单击图标 按钮，系统弹出【创建刀具】对话框。

图 5-46　创建程序对话框

◆ 在【类型】下拉列表中选择【mill_contour】选项

◆ 在【刀具子类型】选项卡中单击图标 [] 按钮

◆ 在【刀具】下拉列表中选择【GENGRIC_MACHINE】选项。

◆ 在【名称】处输入 D16R0.8，单击 [应用] 进入【刀具参数】设置对话框，如图 5-47 所示。

◆ 在【直径】处输入 16。

◆ 在【下半径】处输入 0.8。

◆ 在【长度】处输入 75。

◆ 在【刃口长度】输入 50。

◆ 在【刀刃】输入 2。

◆ 【材料】为 CARBIDE（可点单击图标 [] 进入设置刀具材料）。

图 5-47　创建刀具组对话框

图 5-48　刀具参数设置对话框

- ◆ 【刀具号】输入 1。
- ◆ 【长度补偿】输入 0。
- ◆ 【刀具补偿】输入 1。
- ◆ 单击 确定 按钮完成第 1 把刀具创建工序，如图 5-48 所示。
- ◆ 依照上述操作过程，完成 D12、D8、D6R3 刀具的创建。

（3）创建几何体组

在【刀片】工具栏中单击图标 按钮，系统弹出【创建几何体】对话框，如图 5-49 所示。

① 机床坐标系创建

- ◆ 在【类型】下拉列表中选择【mill_contour】选项。
- ◆ 在【几何体子类型】选卡中单击图标 按钮。
- ◆ 在【几何体】下拉列表中选择【GEOMETRY】。
- ◆ 【名称】处的几何节点按系统内定的名称【MCS】，接着单击 应用 进入系统弹出【MCS】对话框，如图 5-50 所示。
- ◆ 在【指定 MCS】处单击 （自动判断）然后在作图区选择毛坯顶面为 MCS 放置面，然后单击 确定 ，完成加工坐标系的创建，结果如图 5-51 所示。

图 5-49　创建几何体对话框

图 5-50　MCS 对话框

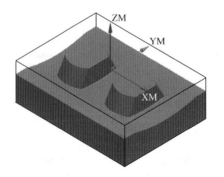

图 5-51　MCS 放置面

② 工件创建

◆ 在【类型】下拉列表中选择【mill_contour】选项。

◆ 在【几何体子类型】选卡中单击图标 按钮。

◆ 在【几何体】下拉列表中选择【MCS】。

◆ 【名称】处的几何节点按系统内定的名称【MILL_GEOM】，单击 确定 进入【铣削几何体】对话框，如图 5-52 所示。

◆ 在【指定部件】处单击图标 按钮，系统弹出【部件几何体】对话框，如图 5-53 所示；接着在作图区选取黑色实体为部件几何体，其余参数按系统默认，单击 确定 完成部件几何体操作，同时系统返回【铣削几何体】对话框。

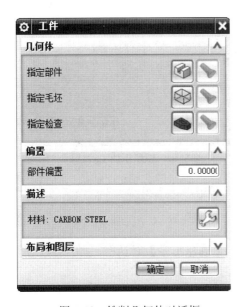

图 5-52　铣削几何体对话框

图 5-53　部件几何体对话框

◆ 在【指定毛坯】处单击图标 按钮，系统弹出【毛坯几何体】对话框，如图 5-54 所示。接着在作图区选取线框对象为毛坯几何体，其余参数按系统默认，单击 确定 完成毛坯几何体操作，同时系统返回【铣削几何体】对话框，再单击 确定 完成铣削几何体操作。

（4）创建方法

在【刀片】工具栏中单击图标 按钮，系统弹出【创建方法】对话框，如图 5-55 所示。

◆ 在【类型】下拉列表中选择【mill_contour】选项。

◆ 在【方法子类型】单击图标

◆ 在【方法】下拉列表中选择【METHOD】选项。

◆ 在【名称】文本框中输入名称 MILL_R，单击 应用 系统弹出【模具粗加工 HSM】对话框，如图 5-56 所示。接着在【部件余量】文本框中输入 0.5，其余参数按系统默认，单击 确定 完成模具粗加工 HSM 操作。

图 5-54　毛坯几何体对话框

图 5-55　创建方法对话框

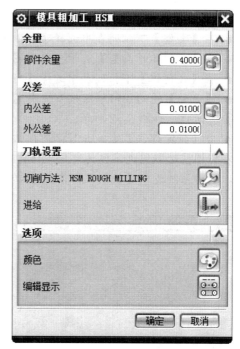

图 5-56　模型粗加工对话框

◆ 依照上述操作，依次创建 MILL_M（中加工）、MILL_F（精加工），其中中加工的部件余量为 0.3；精加工部件余量为 0。

步骤 4：创建工序。

在【刀片】工具栏中单击图标 ⬤ 按钮，系统弹出【创建工序】对话框，如图 5-57 所示。

◆ 在【类型】下拉列表中选择【mill_contour】选项。

◆ 在【操作子类型】选项卡中单击图标 ⬤ 按钮。

◆ 在【程序】下拉列表中选择【CORE】选项为程序名。

◆ 在【刀具】下拉列表中选择【D16R0.8】。

◆ 在【几何体】下拉列表中选择【MILL_GEOM】选项。

◆ 在【方法】下拉列表中选择【MILL_R】选项。

◆ 在【名称】文本框中输入 CA1，单击 应用 系统弹出【型腔铣】对话框，如图 5-58 所示。

步骤 5：在型腔铣对话框中设置如下参数。

（1）刀轨设置

◆ 在【切削参数】下拉菜单选择【跟随周边】。

◆ 在【步距】下拉菜单选择【刀具平直百分比】。

◆ 在【百分比】中输入 65% 。

◆ 在【最大距离】中输入 0.8，结果如图 5-59 所示。

（2）切削参数设置

◆ 在【型腔铣】对话框中单击【切削参数】图标 ⬤ 按钮，系统弹出【切削参数】对话框，如图 5-60 所示。

◆ 在【切削顺序】下拉选项选取【深度优先】选项。

◆ 在【图样方向】下拉菜单选取【向外】选项。

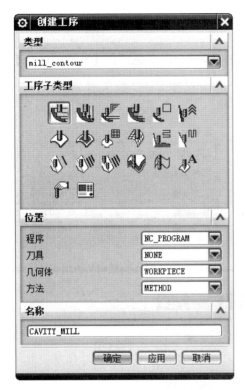

图 5-57　创建工序对话框

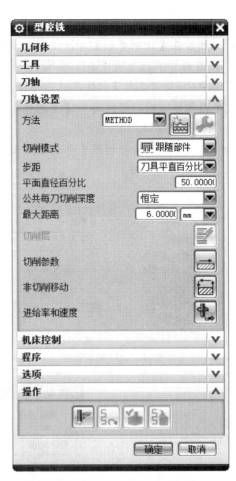

图 5-58　型腔铣对话框

图 5-59　刀轨设置

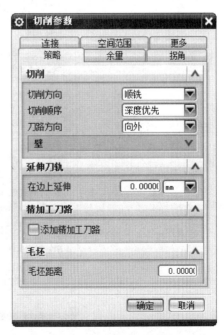

图 5-60　切削参数对话框

◆ 在【壁 ∨】下拉选项钩选 ☑岛清根，接着在【壁清根】下拉选项选取【自动】选项，如图 5-61 所示；然后在【切削参数】对话框单击 余量 按钮，系统显示相关余量选项，如图 5-62 所示。

◆ 在余量下拉选项中去除 ☑使用"底部面和侧壁余量一致"钩选选项，接着在【部件侧面余量】文本框中输入 0.5，在【部件底部面余量】处输入 0.3；其余参数按系统默认，单击 确定 完成切削参数操作，同时系统返回【型腔铣】对话框。

（3）非切削移动参数设置

◆ 在【型腔铣】对话框中单击【非切削移动】图标 按钮，系统弹出【非切削运动】对话框，如图 5-63 所示。

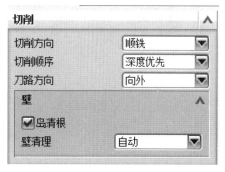

图 5-61　切削参数设置

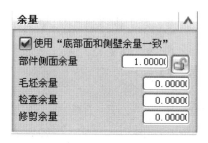

图 5-62　余量相关选项

图 5-63　非切削移动对话框

118

◆ 在【进刀类型】下拉选项选取【沿形状斜进刀】选项。

◆ 在【高度】文本框中输入 6mm。

◆ 在【最小倾斜长度】文本框中输入 0。

◆ 在【类型】下拉选项选取【圆弧】选项。

◆ 在【半径】文本框中输入 5mm，结果如图 5-64；接着单击 转移/快速 按钮，系统显示相关的转移/快速选项。

◆ 在【安全设置选项】下拉选项选取【自动】选项。

◆ 在【安全距离】文本框中输入 30。

◆ 在【传递类型】下拉选项选取【前一平面】。

◆ 在【安全距离】文本框中输入 5。

◆ 在【传递使用】下拉选项选取【进刀/退刀】

◆ 在【传递类型】下拉选项选取【前一平面】。

◆ 在【安全距离】文本框中输入 5，其余参数按系统默认，单击 确定 完成【非切削运动】参数设置，结果如图 5-65 所示，同时并返回【型腔铣】对话框。

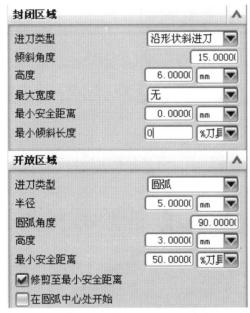

图 5-64　进刀/退刀参数设置

图 5-65　传递/快速参数设置

（4）进给与主轴转速参数设置

◆ 在【型腔铣】对话框中单击【进给和速度】图标 按钮，系统弹出【进给和速度】对话框，如图 5-66 所示。

◆ 在【主转速度】文本框中输入 1800，接着在【切削】文本框中输入 1500，其余参数按系统默认，单击 确定 完成【进给和速度】的参数设置。

步骤 6：粗加工刀具路径生成。

在【型腔铣】对话框中单击生成图标 按钮，系统开始自动计算刀具路径，计算完成后，单击 确定 完成粗加工刀具路径操作，结果如图 5-67 所示。

图 5-66　进给率和速度对话框

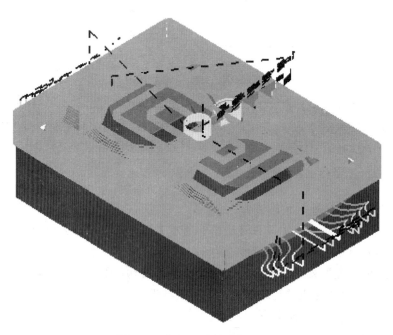

图 5-67　粗加工刀具路径

步骤 7：二次粗加工操作。

因为都是开粗操作过程，因此只要将前面的刀具路径进行复制，接着重新选取一把新刀具即可。

◆ 单击⊞ MILL_R前面的+，读者会看到名为 CA1的刀具路径。

◆ 将鼠标移至 CA1刀具路径中，单击右键系统弹出快捷方式。

◆ 在快捷方式单击【复制】，接着将鼠标移至⊞ MILL_R中，单击右键系统弹出快捷方式，然后单击【内部粘贴】选项，此时读者可以看到一个过时的刀具路径名⊘ CA1_COPY；最后将⊘ CA1_COPY更名为⊘ CA2。

◆ 在⊘ CA2对象中双击左键，系统弹出【型腔铣】对话框。

步骤 8：在型腔铣对话框中设置如下参数。

◆ 在【刀具】下拉选项选取 D8 (Millin 选项。

◆ 在【最大距离】中输入 0.3，接着在【型腔铣】对话框中单击【切削参数】图标按钮，系统弹出【切削参数】对话框。

◆ 在【切削参数】对话框中单击 空间范围 按钮，系统显示相关选项，接着在【参考刀具】下拉选项选取 D16R0.8 (M: 选项，其余参数按系统默认，单击 确定 完成【切削参数】设置，同时系统返回【型腔铣】对话框。

◆ 在【型腔铣】对话框中单击【进给和速度】图标按钮，系统弹出进给对话框。

◆ 在【主转速度】文本框中输入 2000。

在【切削】文本框中输入 600，其余参数按系统默认，单击 确定 完成【进给和速度】的操作。

专家点拨：1. 参考刀具是 UG NX2.0 新增功能，主要用于二次开粗。也就是说，当第一把刀加工完一个区域后，如果还有小区域的余量较多时，则要二次开粗，那么此时就要利用参考刀具功能。2. 二次开粗还可以采用本项目任务二方法进行加工，任务二中的方法是 UG NX8.5 新增功能。

步骤 9：二次开粗刀具路径生成 。

在【型腔铣】对话框中单击生成图标按钮，系统会开始自动计算刀具路径，计算完成后，单击 确定 完成中加工刀具路径操作，结果如图 5-68 所示。

步骤 10：精加工分型面与顶面刀具路径创建。

在【刀片】工具栏中单击图标按钮，系统弹出【创建工序】对话框。

◆ 在【类型】下拉列表中选择【mill_planar】选项。

◆ 在【操作子类型】选项卡中单击图标按钮。

◆ 在【程序】下拉列表中选择【CORE】选项为程序名。

◆ 在【刀具】下拉列表中选择【D12】。

◆ 在【几何体】下拉列表中选择【MILL_GEOM】选项。

◆ 在【方法】下拉列表中选择【MILL_F】选项。

◆ 在【名称】文本框中输入 FA1，单击 应用 进入【面铣】对话框，如图 5-69 所示。

步骤 11：在面铣削对话框中设置如下参数。

（1）指定面边界

◆ 在【面铣削】对话框单击【指定面边界】图标按钮，系统弹出【指定面几何体】对话框，如图 5-70 所示。

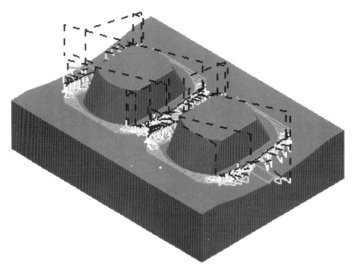

图 5-68　二次开粗刀具路径

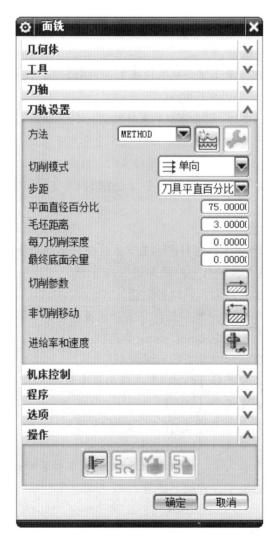

图 5-69　面铣对话框

图 5-70 指定面几何体对话框

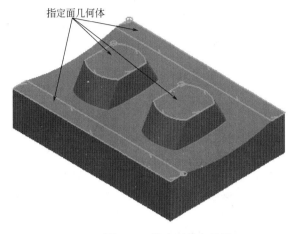

图 5-71 指定面几何边界

◆ 在【指定面几何体】单击图标 █ 按钮，接着在作图区选取顶平面和分型面为面几何边界，如图 5-71 所示；其余参数按系统默认，单击 █ 确定 █ 完成指定面边界操作，并返回【面铣削】操作对话框。

（2）刀轨设置

◆ 在【切削参数】下拉选项选择【往复】选项。

◆ 在【步距】下拉选项选择【刀具平直百分比】选项。

◆ 在【百分比】文本框中输入 35%。

◆ 在【毛坯距离】文本框中输入 1，结果如图 5-72 所示。

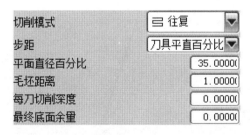

图 5-72 刀轨设置

（3）切削参数设置

◆ 在【面铣削】对话框中单击【切削参数】图标 █ 按钮，系统弹出【切削参数】对话框。

◆ 在【切削参数】对话框中单击 █ 余量 █ 按钮，系统显示相关余量选项；接着在【部件余量】文本框中输入 0，【壁余量】文本框中输入 0，其余参数按系统默认，单击 █ 确定 █ 完成切削参数操作。

（4）非切削移动参数设置

◆ 在【面铣削】对话框中单击【非切削移动】图标🔲按钮，系统弹出【非切削移动】对话框。

◆ 在【进刀类型】下拉选项选择【插铣】选项。

◆ 在【高度】文本框中处输入 6mm。

◆ 在【类型】下拉选项选择【圆弧】选项。

◆ 在【半径】文本框中输入 5mm。

◆ 在【圆弧角度】文本框中输入 90。

◆ 在【非切削移动】对话框中单击 转移/快速 按钮，系统显示相关余量选项；接着在【安全设置选项】下拉选项中选择【自动】选项，在【安全距离】文本框中输入 30，其余参数按系统默认，单击 确定 完成非切削移动参数操作。

（5）进给和速度参数设置

在【面铣削】对话框中单击【进给和速度】图标🔼按钮，系统弹出进给对话框，接着在【主转速度】文本框输入 2500，在【切削】文本框中输入 350，其余参数按系统默认，单击 确定 完成进给和速度参数操作。

步骤 12：精加工刀具路径生成。

在面铣参数设置对话框中单击生成图标🔽按钮，系统会开始计算刀具路径，计算完成后，单击 确定 完成精加工刀具路径操作，结果如图 5-73 所示。

步骤 13：中加工型芯。

在【刀片】工具栏中单击图标 ▬ 按钮，系统弹出【创建工序】对话框，如图 5-74 所示。

◆ 在【类型】下拉列表中选择【mill_contour】选项。

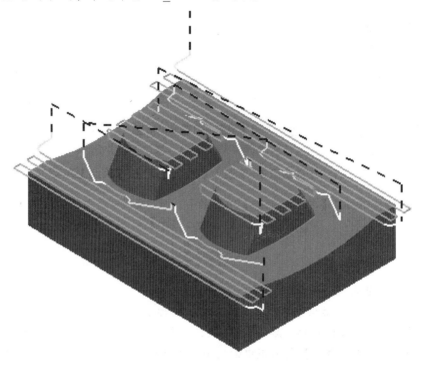

图 5-73 精加工刀具路径

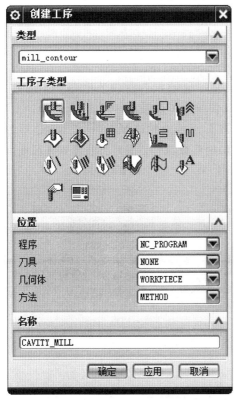

图 5-74　创建工序对话框

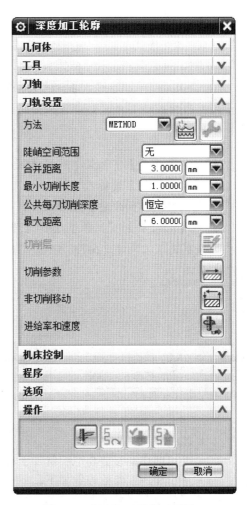

图 5-75　深度加工轮廓对话框

◆ 在【操作子类型】选项卡中单击图标按钮。

◆ 在【程序】下拉列表中选择【CORE】选项为程序名。

◆ 在【刀具】下拉列表中选择【D6R3】。

◆ 【几何体】下拉列表中选择【MILL_GEOM】选项。

◆ 在【方法】下拉列表中选择【MILL_M】选项。

◆ 在【名称】文本框中输入【ZL1】名称，单击 应用 系统弹出【深度加工轮廓】对话框，如图 5-75 所示。

（1）刀轨设置

◆ 在【陡峭空间范围】下拉菜单选择【无】。

◆ 在【合并距离】处输入 6。

◆ 在【最小切削长度】处输入 3。

◆ 在【最大距离】文本框中输入 0.3，结果如图 5-76 所示。

（2）切削参数设置

◆ 在【深度加工轮廓】对话框中单击【切削参数】图标 按钮，系统弹出切削参数对话框。

◆ 【切削方向】下拉菜单选择【混合】。

图 5-76 刀轨设置参数

◆ 【切削顺序】下拉菜单选择【深度优先】，如图 5-77 所示。

◆ 【部件余量】处输入 0.3。

◆ 【最终底部面余量】处输入 0.1，其他切削参数按粗加工设置，如图 5-78 所示。

◆ 在【层之层】下拉菜单选择【沿部件交斜进刀】，接着钩选 ☑在层之间切削 选项，其余参数按系统默认，如图 5-79 所示。单击 确定 完成切削参数操作，同时系统返回【深度加工轮廓】对话框。

图 5-77 切削选项参数

图 5-78 切削参数设置

图 5-79 层之间参数设置

（3）非切削移动参数与型腔铣加工参数一样。

（4）进给和速度参数设置如下。

◆ 在【深度加工轮廓】对话框中单击【进给和速度】图标 按钮，系统弹出进给对话框。

◆ 在【主转速度】文本框中输入 2500。在【切削】文本框中输入 800，其余参数按系统默认，单击 确定 完成【进给和速度】的操作。

步骤 14：中加工刀具路径生成。

在【深度加工轮廓】对话框中单击生成图标 按钮，系统会开始计算刀具路径，计算完成后，单击 确定 完成中加工刀具路径操作，结果如图 5-80 所示。

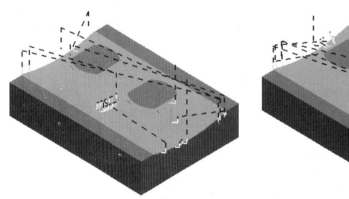

图 5-80 中加工刀具路径

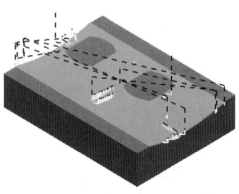

图 5-81 精加工刀具路径

步骤 15：精加工型芯。

精加工型芯与中加工刀轨一样，只是将相关的参数设置即可，在此不再重复叙述，最终生成刀轨如图 5-81 所示。

步骤 16：刀具路径验证。

◆ 在【操作导航器】工具条中单击图标 按钮，此时操作导航器页面显示为几何视图。

图 5-82 刀轨可视化对话框

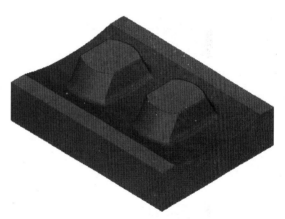

图 5-83 刀具路径仿真结果

◆ 在几何视图页面单击【MCS】，此时【加工操作】工具条被激活，接着在【加工操作】工具条中单击图标 按钮，系统弹出【刀轨可视化】对话框，如图 5-82 所示。

◆ 在【刀轨可视化】对话框单击 2D 动态 按钮，接着再单击播放图标 按钮，系统会在作图区出现仿真操作，最终效果如图 5-83 所示。

想想练练

1. 填空题

（1）型腔铣的加工特点是＿＿＿＿＿＿＿＿＿＿＿＿＿＿＿＿＿＿＿＿＿＿＿＿＿＿。

（2）型腔铣加工几何体类型包括＿＿＿＿＿＿＿＿＿＿＿＿＿＿＿＿＿＿5 种几何体。

（3）毛坯距离是指＿＿＿＿＿＿＿＿＿＿＿＿＿＿＿＿＿＿＿距离。

（4）型腔铣中的切削层是为＿＿＿＿＿＿操作指定切削平面。

（5）延伸刀轨是指＿＿＿＿＿＿＿＿＿＿指定一段距离值。

2. 选择题

（1）陡峭角是指_____（　　　）。

　　A. Z 轴与面法向所成的夹角　　　　　B. Z 轴与工件所成的夹角

　　C. Z 轴与机床所成的夹角　　　　　　D. X 轴与工件所成的夹角

（2）缝合距离是指_____被连接的最小距离值（　　　）。

　　A. 不连续刀具路径　　　B. 刀具直径　　　　C. 切削深度　　　　D. 退刀时

（3）最小切削长度是指定_____时的最小段长度值（　　　）。

　　A. 生成刀具路径　　B. 刀具直径　　　　C. 不连续刀具路径　　　　D. 切入零件

3. 简答题

（1）型腔铣数控加工的形状应该有哪些特点？

（2）型腔铣主要加工什么对象？

（3）型腔铣与等高轮廓铣的区别是什么？

（4）等高轮廓铣主要加工什么对象？

项目六　固定轴曲面轮廓铣

项目工作情境

本项目主要任务是通过各种相关案例，要求学生掌握固定轴曲面轮廓铣（简称：固定轮廓铣）的创建、参数设置、几何体设置等。

项目学习目标

☆ 掌握固定轮廓铣几何体设置；
☆ 掌握固定轮廓铣操作；
☆ 掌握固定轮廓铣切削参数设置；
☆ 能正确应用固定轮廓铣各种切削模式。

任务一　固定轴曲面轮廓铣及应用

理论知识

固定轴曲面轮廓铣主要用于精加工由轮廓曲面形成区域的加工方式。它们允许通过精确控制刀具轴和投影矢量，以使刀具沿着非常复杂的曲面轮廓运动，先由驱动几何产生驱动点，再在每个驱动点处，按投影方向驱动刀具向着加工几何移动，直至刀具接触到加工几何为止，此时，得到接触点。最后，系统根据接触点处的曲率半径和刀具半径值，补偿得到刀具定位，如图 6-1 所示。

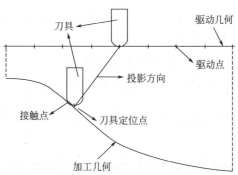

图 6-1　固定轮廓铣加工原理图

操作技能

固定轴曲面轮廓铣操作建立的步骤如下。

步骤 1：运行 UG NX8.5 软件。

步骤 2：选择主菜单的【文件】|【打开】命令，或单击工具栏的图标 按钮，系统将弹出【打开部件文件】对话框，在此找到放置练习文件夹 ch6 并选择 exe1.prt 文件，再单击 确定 进入 UG 加工主界面。此时，在这个部件中 MCS 的位置已经确定好，刀具也已经定义好，并已做好了开粗的操作，如图 6-2 所示。

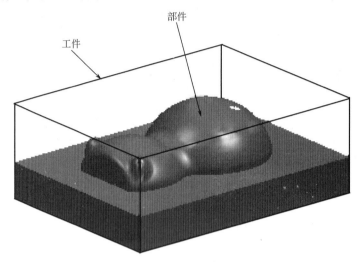

图 6-2　工件与部件模型

步骤 3：选择下拉菜单【插入】|【工序】命令，或单击工具条中图标 按钮，系统将弹出【创建工序】对话框。

◆ 在【类型】下拉列表中选择【mill_contour】选项。

◆ 在【子类型】选项卡中单击图标 按钮。

◆ 在【程序】下拉列表中选择【PROGRAM】选项为程序名。

◆ 在【刀具】下拉列表中选择【D12R6】。

◆ 在【几何体】下拉列表中选择【WORKPIECE】选项。

◆ 在【方法】下拉列表中选择【MILL_ROUGH】选项。

◆【名称】一栏为默认的【FIXED_CONTOUR】名称，单击 应用 ，进入【固定轮廓铣】对话框，如图 6-3 所示。

步骤 4：在【固定轮廓铣】对话框中，按如下操作步骤设置内部参数。

（1）驱动方法

在【方法】下拉菜单中选择【区域铣削】驱动方法，系统弹出【区域铣削驱动方法】对话框。

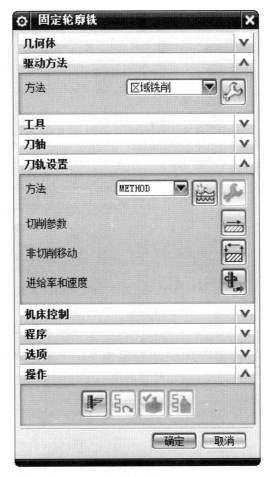

图 6-3　固定轮廓铣操作对话框

◆　【切削方向】处选择【顺铣】。

◆　【步距】处选择【恒定】。

◆　【最大距离】处输入 2。

◆　【切削角】处选择【指定】，在【与 XC 的夹角】处输入 45，其余参数按系统默认，单击 [确定] 完成驱动方法操作，如图 6-4 所示。

（2）指定区域

◆　在指定区域处单击图标 🔘 按钮，进入【切削区域】对话框，在作图区选择凸起的曲面为切削区域，单击 [确定] 完成切削区域操作，如图 6-5 所示。

（3）切削参数

◆　在切削参数处单击图标 ➡ 按钮，进入【切削参数】对话框。在此单击【毛坯】，然后在【部件余量】处输入 0.3，最后单击 [确定] 完成切削参数设置操作。

（4）生成刀轨与仿真

◆　单击生成图标 🔳 按钮，系统开始计算刀路，结果如图 6-6 所示。

◆　单击 [确定] 完成固定轮廓铣操作。

◆　在资源条处单击图标 🔳 按钮，系统弹出操作导航器对话框。在此单击【PROGRAM】，

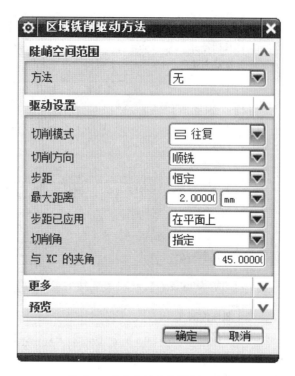

图 6-4　驱动方法参数设置

图 6-5　切削区域

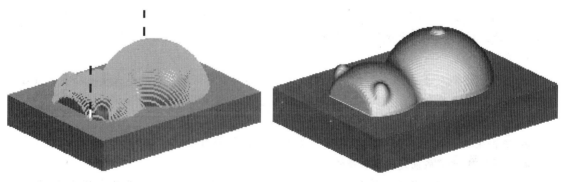

图 6-6　计算后的刀轨　　　　　　　　图 6-7　仿真结果

然后在加工操作工具栏中单击图标██按钮，系统弹出【可视化刀轨】对话框，单击【2D 动态】再单击图标▶按钮，开始仿真操作，仿真结果如图 6-7 所示。

任务二　固定轮廓铣常用驱动方法

一、固定轮廓铣驱动方法简介

固定轮廓铣驱动方法允许定义创建刀轨所需的驱动点。某些驱动方法允许沿着一条曲线创建一串驱动点，而其他动方式允许在边界内或在所选曲面上创建驱动点阵列。驱动点一旦定义就可用于创建刀轨。如果没有选择部件几何体，则刀轨直接从驱动点创建。否则，刀轨投影到部件表面创建驱动点。

如何选择合适的驱动方法，应该由希望加工的表面的形状和复杂性，以及刀具轴和投影矢量要求决定。所选的驱动方法决定于可以选择的驱动几何体的类型，以及可用的投影矢量、刀具轴切削模式。在固定轮廓铣中有多种驱动方法，如图 6-8 所示。

图 6-8　驱动方法

二、曲线/点

曲线/点驱动方法通过指定点和选择曲线来定义驱动几何体。指定点以后，驱动路径生成为指定点之间的线段。指定曲线后，驱动点沿着所选择的曲线生成。在这两种情况下，驱动几何体投影到部件表面上，然后在此部件表面上生成刀轨。曲线可以是开放的或闭合的、连续的或非连续的，以及平面的或非平面的。

三、螺旋式

螺旋式驱动方法允许用户定义从指定的中心点向外螺旋的驱动点，驱动点在垂直于投影矢量并包含中心点的平面上创建，然后驱动点再沿着投影矢量投影到所选择的部件表面上。

四、边界

边界驱动方法通过指定"边界"和"环"定义切削区域，当环必须与外部部件表面边界相应时，边界与部件表面的形状和大小无关。切削区域由边界、环或二者的组合定义，将已定义的切削区域的驱动点按照指定的投影矢量的方向投影到部件表面，这样就可以生成刀轨。边界驱动方法与平面铣的工作方式大致上相同，但与平面铣不同的是，边界驱动方法可用来创建允许刀具沿着复杂表面轮廓移动进行精加工操作。

五、区域铣削

区域铣削驱动方法可以通过选择曲面区域、片体、面来进行定义切削范围，与曲面区域驱动方法不同的是：切削区域几何体不需要按一定的行序或列序进行选择，如果不指定切削范围，则系统将使用完整定义的部件几何体（刀具无法访问的区域除外）作为切削范围。换言之，系统将使用部件轮廓线作为切削范围，如果使用整个部件几何体而没有定义切削范围，则不能删除边界跟踪。

区域铣削驱动方法可以使用往复提升切削类型，这种切削类型可以根据指定的本地进刀、退刀或移刀进行提升刀路之间的刀具，同时它不输出分离和逼近移动。

六、曲面

曲面驱动方法允许创建一个位于驱动曲面网格内的驱动点阵列，驱动点沿指定的投影矢量投影到部件几何表面，当需要可变刀具轴加工复杂曲面时，这种驱动方法是很有用的，因为它提供了对刀具轴和投影矢量的附加控制。将驱动曲面上的点按指定的投影矢量方向进行投影，这样可在部件表面上生成刀轨。如果未定义部件表面，则可以直接在驱动曲面上生成刀轨。

驱动曲面不一定是平的面，但是必须是按一定的行序或列序进行排列，相邻的曲面必须共享一条共用边，且不能包含超出在预设置中定义的距离公差的缝隙。驱动曲面可以使用裁剪过的曲面进行定义，只要裁剪过的曲面具有四个侧，裁剪过的曲面的每一侧可以是单个边界曲线，也可以由多条相切的边界曲线组成，同时相切的边界曲线可以被视为单条曲线。

七、流线

流线驱动方法是 UG NX8.5 新增功能，其主要用于曲面精加工，图样是自动生成或通过用户自定义的流曲线和相交曲线生成刀轨。利用流线驱动方法，可以加工修剪或未修剪曲面，自动的双-接触处理，新的曲面轮廓刀具图案生成器，支持固定轮廓铣和可变轴加工。

八、刀轨

刀轨驱动方法是指沿着切削位置源文件 (CLSF) 的刀轨进行定义驱动点，可以在当前操作中创建一个类似的曲面轮廓刀轨。驱动点沿着现有的刀轨生成，然后投影到所选的部件曲面上，以创建新的刀轨，新的刀轨是沿着曲面轮廓形成的。驱动点投影到部件表面上时所遵循的方向由投影矢量决定。

九、径向切削

径向切削驱动方法是使用指定的步距距离、带宽和切削模式，生成沿着并垂直于给定边界的驱动路径，此驱动方法可用于创建清根操作。

十、清根

清根驱动方法能够沿着部件表面形成的凹角和凹谷生成刀轨，处理器使用基于加工最佳方法的一些规则，自动决定自动清根的方向和顺序。生成的刀轨可以进行优化，其方法就是使刀具与部件尽可能保持接触并最小化非切削移动。清根驱动方法只能用于固定轴轮廓铣，它具有如下优点。

- ◆ 清根驱动方法可以用来减缓角度。
- ◆ 可以删除之前较大的球刀遗留下来的未切削材料。
- ◆ 清根刀轨是沿着凹谷和角，而不是固定的切削角或 UV 方向。
- ◆ 当使用清根后，如果用户想将刀具从一侧移动到另一侧时，则刀具不会嵌入。
- ◆ 可以通过允许刀具在步距间保持连续的进刀来最大化切削移动。

十一、文本

文本驱动方法比以前将文字转换为几何体的方法更简单，与许多进行雕刻的 Grip 程序不同，文本驱动还与制图注释完全关联。因此，用户可以通过重新生成该操作来应用所做的各项更改。

在使用文本驱动方法时，应该注意如下事项。

- ◆ 在顶层对话框的主要页面或更多页面中可获得所有相关的驱动参数。
- ◆ 如果要在部件表面下切削，则在部件余量文本框中输入负值。

◆ 对于文本驱动方法应使用球头刀,同时输入的负余量的绝对值应该小于球头刀半径。

◆ 在文本驱动方法中,如果负的底部面余量(底部面余量=部件余量-文字深度)超过刀具的下半径时,则生成的刀轨是不可靠的,与此同时,系统会发出警告信息。

操作技能

一、曲线/点驱动方法

步骤 1:运行 UG NX8.5 软件。

步骤 2:选择主菜单的【文件】|【打开】命令,或单击工具栏的图标 按钮,系统将弹出【打开部件文件】对话框,在此找到放置练习文件夹 ch6 并选择 exe2.prt 文件,再单击 确定 进入 UG 加工主界面。此时,在这个部件中已定义好粗、中、精加工刀具路径,如图 6-9 所示。

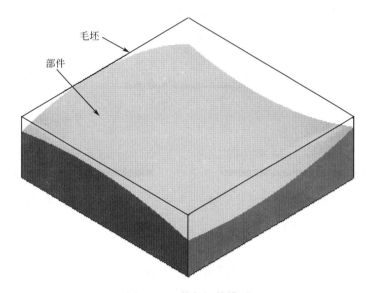

图 6-9　工件与部件模型

步骤 3:选择下拉菜单【插入】|【工序】命令,或单击工具条中图标 按钮,系统将弹出【创建工序】对话框,如图 6-10 所示。

(1)在【类型】下拉列表中选择【mill_contour】选项。

(2)在【子类型】选项卡中单击图标 按钮。

◆ 在【程序】下拉列表中选择【PROGRAM】选项为程序名。

◆ 在【刀具】下拉列表中选择【D1R0.5】。

◆ 在【几何体】下拉列表中选择【WORKPIECE】选项。

◆ 在【方法】下拉列表中选择【MILL_F】选项。

◆ 在【名称】文本框中输入【FI2】名称,单击 应用 系统弹出【固定轮廓铣】对话框,如图 6-11 所示。

图 6-10 创建工序对话框

图 6-11 固定轮廓铣对话框

步骤 4：在【固定轮廓铣】对话框中设置如下参数。

（1）驱动方法设置

◆ 在【驱动方法】下拉选项中选取【曲线/点】选项，系统弹出【曲线/点驱动方法】对话框，如图 6-12 所示。

◆ 在【选择曲线】选项中单击图标 按钮，接着在作图区从左至右选取曲线段，直到曲线段选取完毕，然后单击 确定(O) 完成曲线/点驱动操作，选取结果如图 6-13 所示。

（2）切削参数设置

◆ 在【固定轮廓铣】对话框中单击图标 按钮，系统弹出【切削参数】对话框。

◆ 在【切削参数】对话框中单击 余量 按钮，接着在【部件余量】文本框中输入-0.2，其余参数按系统默认，单击 确定(O) 按钮完成切削参数的设置。

（3）非切削移动按系统默认。

步骤 5：刀具路径的生成与验证。

◆ 在【固定轮廓铣】对话框中单击生成图标 按钮，系统会开始计算刀具路径，计算完成后，单击 确定 完成曲线/点驱动方法的创建，结果如图 6-14 所示。

◆ 在显示资源条中单击加工操作导航器图标 按钮，系统会弹出操作导航器页面。

◆ 在操作导航器工具条中单击图标 按钮，此时操作导航器页面显示为几何视图，接着单击 MCS图标，此时加工操作工具条激活，然后在加工操作工具条中单击图标 按钮，系统

图 6-12　曲线/点驱动方法对话框

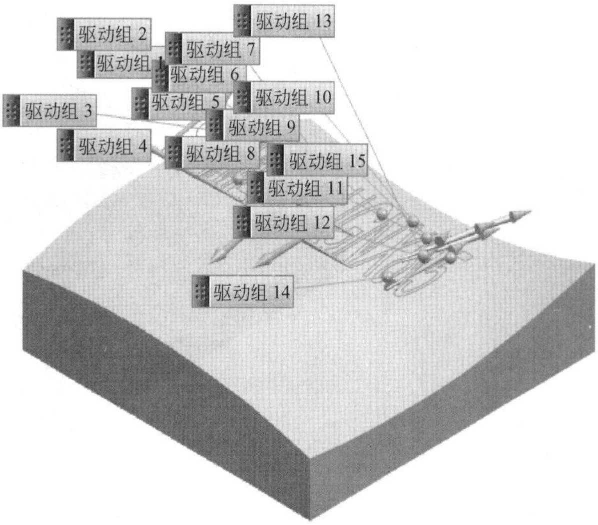

图 6-13　选取曲线/点结果

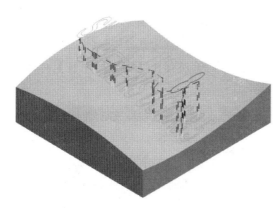

图 6-14　曲线/点驱动方法刀轨

图 6-15　刀具路径仿真结果

弹出【刀轨可视化】对话框。

　　◆ 在【刀轨可视化】对话框中单击 2D 动态按钮，接着再单击播放图标▶按钮，系统会在作图区出现仿真操作，结果如图 6-15 所示。

　　二、螺旋式驱动方法

　　步骤 1：运行 UG NX8.5 软件。

　　步骤 2：选择主菜单的【文件】|【打开】命令，或单击工具栏图标 按钮，将弹出【打开部件文件】对话框，在此找到放置练习文件夹 ch6 并选择 exe3.prt 文件，单击 确定 进入 UG 加工界面。此时，在操作导航器中可以看到，工件的粗加工已经完成，下面通过半精加工的操作说明螺旋式驱动的应用，模型如图 6-16 所示。

　　步骤 3：选择下拉菜单【插入】|【工序】命令，或单击工具条中图标 按钮，系统将弹出【创建工序】对话框，如图 6-17 所示。

　　（1）在【类型】下拉列表中选择【mill_contour】选项。

　　（2）在【子类型】选项卡中单击图标 按钮。

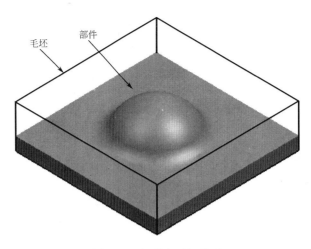

图 6-16 部件和毛坯模型

◆ 在【程序】下拉列表中选择【PROGRAM】选项为程序名。

◆ 在【刀具】下拉列表中选择【D12R6】。

◆ 在【几何体】下拉列表中选择【WORKPIECE】选项。

◆ 在【方法】下拉列表中选择【MILL_M】选项。

◆ 在【名称】文本框中输入【FI1】名称，单击 应用 系统弹出【固定轮廓铣】对话框，
如图 6-18 所示。

图 6-17 创建工序对话框

图 6-18 固定轮廓铣对话框

步骤 4: 在【固定轮廓铣】对话框中设置如下参数。

◆ 除了更改驱动方法外，其余参数都按系统默认。

◆ 在【驱动方法】下拉选项选取【螺旋式】选项，系统弹出【螺旋式驱动方法】对话框，如图 6-19 所示。

◆ 在【指定点】选项中单击图标⁺按钮，系统弹出【点】对话框，如图 6-20 所示，接着在各个坐标文本框中输入 0，其余参数系统默认，单击 确定 系统返回【螺旋式驱动方法】对话框。

图 6-19　螺旋式驱动方法对话框

图 6-20　点对话框

◆ 在【最大螺旋半径】文本框中输入 100，接着在【步距】下拉选项选取 恒定 选项；然后在【距离】文本框中输入 1mm。

◆ 在【切削方向】下拉选项选取 顺铣 选项，其余参数按系统默认，单击 确定 完成【螺旋式驱动方法】参数设置，同时系统返回【固定轮廓铣】对话框。

步骤 5: 刀具路径的生成与验证。

◆ 在【固定轮廓铣】对话框中单击生成图标 按钮，系统会开始计算刀具路径，计算完成后，单击 确定 完成螺旋式驱动方法的创建，结果如图 6-21 所示。

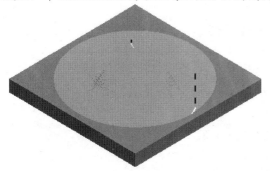

图 6-21　螺旋式驱动刀轨

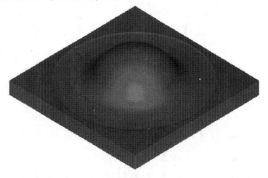

图 6-22　刀具路径仿真结果

◆ 在显示资源条中单击加工操作导航器图标■按钮，系统会弹出操作导航器页面。

◆ 在操作导航器工具条中单击图标■按钮，此时操作导航器页面显示为几何视图，接着单击■MCS图标，此时加工操作工具条激活，然后在加工操作工具条中单击图标■按钮，系统弹出【刀轨可视化】对话框。

◆ 在【刀轨可视化】对话框中单击 2D 动态 按钮，接着再单击播放图标▶按钮，系统会在作图区出现仿真操作，结果如图 6-22 所示。

三、边界驱动方法

步骤1：运行 UG NX8.5 软件。

步骤2：选择主菜单的【文件】|【打开】命令，或单击工具栏图标■按钮，将弹出【打开部件文件】对话框，在此找到放置练习文件夹 ch6 并选择 exe3.prt 文件，单击 确定 进入 UG 加工界面。此时，在操作导航器中可以看到，工件的粗加工已经完成，下面通过半精加工的操作说明边界驱动方法的应用，模型如图 6-23 所示。

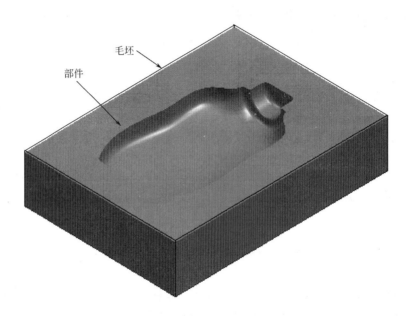

图 6-23　部件和毛坯模型

步骤3：选择下拉菜单【插入】|【工序】命令，或单击工具条中图标■按钮，系统将弹出【创建工序】对话框。

（1）在【类型】下拉列表中选择【mill_contour】选项。

（2）在【子类型】选项卡中单击图标■按钮。

◆ 在【程序】下拉列表中选择【CAVITY】选项为程序名。

◆ 在【刀具】下拉列表中选择【D6R3】。

◆ 在【几何体】下拉列表中选择【WORKPIECE】选项。

◆ 在【方法】下拉列表中选择【MILL_M】选项。

◆ 在【名称】文本框中输入【FI1】名称，单击 应用 系统弹出【固定轮廓铣】对话框。

步骤 4：在【固定轮廓铣】对话框中设置如下参数。

◆ 除了更改驱动方法外，其余参数都按系统默认。

◆ 在【驱动方法】下拉选项选取【边界】选项，系统弹出【边界驱动方法】对话框，如图 6-24 所示。

◆ 在【指定驱动几何体】选项中单击图标 按钮，系统弹出【边界几何体】对话框，如图 6-25 所示。

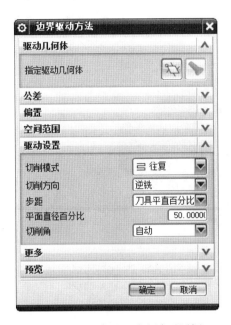

图 6-24　边界驱动方法对话框

图 6-25　边界几何体对话框

◆ 在【模式】下拉选项选取【曲线/边】选项，系统弹出【创建边界】对话框，如图 6-26 所示。

◆ 在【创建边界】对话框中单击 成链 按钮，系统弹出【成链】对话框，如图 6-27 所示，接着在作图区选取图 6-28 所示的边界为起始边界，选取图 6-29 所示的边界为终止边界，同时系统返回【创建边界】对话框，结果如图 6-30 所示。

◆ 在【创建边界】对话框中不做任何更改，单击两次 确定(0) 返回【边界驱动方法】对话框，接着设置如下参数。

◆ 在【切削方向】下拉选项选取【顺铣】。

◆ 在【步距】下拉选项选取【恒定】。

◆ 在【距离】文本框中输入 0.5，其余参数按系统默认，单击 确定(0) 返回【固定轮廓铣】对话框。

步骤 5：刀具路径的生成与验证。

◆【固定轮廓铣】对话框中单击生成图标 按钮，系统会开始计算刀具路径，计算完成后，单击 确定 完

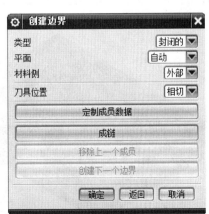

图 6-26　创建边界对话框

图 6-27 成链对话框

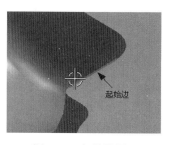

图 6-28 起始边界

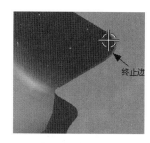

图 6-29 终止边界

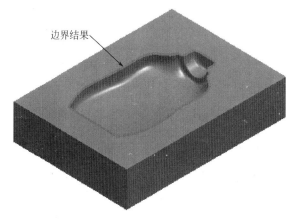

图 6-30 创建边界结果

成边界驱动方法的创建，结果如图 6-31 所示。

◆ 显示资源条中单击加工操作导航器图标 按钮，系统会弹出操作导航器页面。

◆ 操作导航器工具条中单击图标 按钮，此时操作导航器页面会显示为几何视图，接着单击 MCS图标，此时加工操作工具条激活，然后在加工操作工具条中单击图标 按钮，系统弹出【刀轨可视化】对话框。

◆ 在【刀轨可视化】对话框中单击 2D 动态 按钮，接着再单击播放图标 按钮，系统会在作图区出现仿真操作，结果如图 6-32 所示。

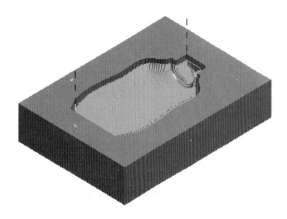

图 6-31 边界驱动刀轨

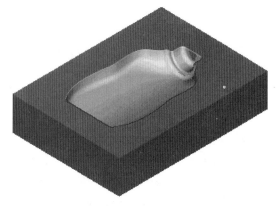

图 6-32 刀具路径仿真结果

四、区域铣削驱动方法

步骤 1：运行 UG NX8.5 软件。

步骤 2：选择主菜单的【文件】|【打开】命令，或单击工具栏图标 按钮，将弹出【打开部件文件】对话框，在此找到放置练习文件夹 ch6 并选择 exe4.prt 文件，单击 确定 进入 UG 加工界面。此时，在操作导航器中可以看到，工件的粗加工已经完成，下面通过半精加工的操作说明区域铣削驱动的应用，模型如图 6-33 所示。

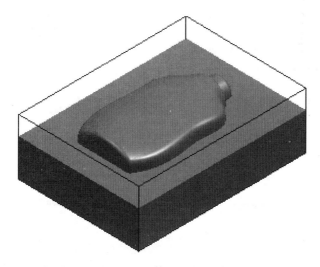

图 6-33　部件和毛坯模型

步骤 3：选择下拉菜单【插入】|【工序】命令，或单击工具条中图标 按钮，系统将弹出【创建工序】对话框。

（1）在【类型】下拉列表中选择【mill_contour】选项。

（2）在【子类型】选项卡中单击图标 按钮。

◆ 在【程序】下拉列表中选择【CORE】选项为程序名。

◆ 在【刀具】下拉列表中选择【D6R3】。

◆ 在【几何体】下拉列表中选择【WORKPIECE】选项。

◆ 在【方法】下拉列表中选择【MILL_M】选项。

◆ 在【名称】文本框中输入【FI1】名称，单击 应用 系统弹出【固定轮廓铣】对话框。

步骤 4：在【固定轮廓铣】对话框中设置如下参数。

（1）切削区域设置

◆ 在【指定切削区域】选项中单击图标 按钮，系统弹出【切削区域】对话框，如图 6-34 所示，接着在作图区选取如图 6-35 所示的面为切削区域，单击 确定(O) 完成切削区域操作。

（2）驱动方法设置

◆ 在【驱动方法】下拉选项选取【区域铣削驱动方法】选项，系统弹出【区域铣削驱动方法】对话框，如图 6-36 所示。

图 6-34 切削区域对话框

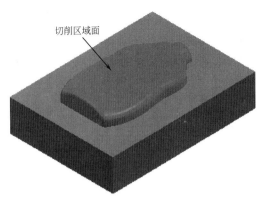

图 6-35 切削区域对象选取

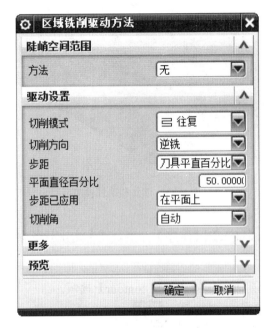

图 6-36 区域铣削驱动方法

◆ 在【切削方向】下拉选项选取【顺铣】选项。

◆ 在【步距】下拉选项选取【恒定】选项。

◆ 在【距离】文本框中输入 0.5，其余参数按系统默认，单击 确定(0) 系统返回【固定轮廓铣】对话框。

（3）刀轴设置

◆ 在【轴】下拉选项选取 +ZM 轴 选项。

步骤 5：刀具路径的生成与验证。

◆ 在【固定轮廓铣】对话框中单击生成图标 按钮，系统会开始计算刀具路径，计算完成后，单击 确定 完成区域铣削驱动方法的创建，结果如图 6-37 所示。

◆ 在显示资源条中单击加工操作导航器图标 按钮，系统会弹出操作导航器页面。

◆ 在操作导航器工具条中单击图标 按钮，此时操作导航器页面会显示为几何视图，接着单击 MCS图标，此时加工操作工具条激活，然后在加工操作工具条中单击图标 按钮，系

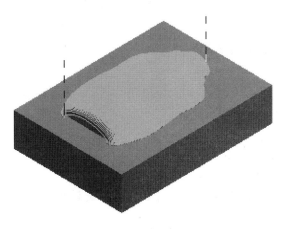

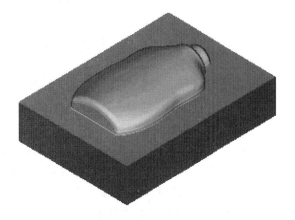

图 6-37　区域铣削驱动刀轨　　　　　　　　　图 6-38　刀具路径仿真结果

统弹出【刀轨可视化】对话框。

◆ 在【刀轨可视化】对话框中单击 2D 动态 按钮，接着再单击播放图标 ▶ 按钮，系统会在作图区出现仿真操作，结果如图 6-38 所示。

五、曲面驱动方法

步骤 1：运行 UG NX8.5 软件。

步骤 2：选择主菜单的【文件】|【打开】命令，或单击工具栏图标 按钮，将弹出【打开部件文件】对话框，在此找到放置练习文件夹 ch6 并选择 exe5.prt 文件，单击 确定 进入 UG 加工界面。此时，在操作导航器中可以看到，工件的粗加工已经完成，下面通过半精加工的操作说明曲面驱动的应用，模型如图 6-39 所示。

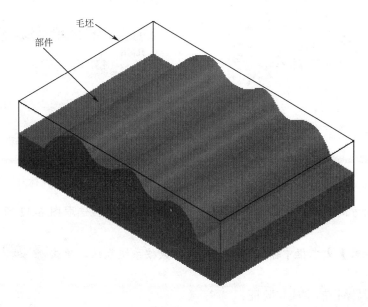

图 6-39　部件和毛坯模型

步骤 **3**：选择下拉菜单【插入】|【工序】命令，或单击工具条中图标按钮，系统将弹出【创建工序】对话框。

（1）在【类型】下拉列表中选择【mill_contour】选项。

（2）在【子类型】选项卡中单击图标按钮。

◆ 在【程序】下拉列表中选择【CORE】选项为程序名。

◆ 在【刀具】下拉列表中选择【D8R4】。

◆ 在【几何体】下拉列表中选择【WORKPIECE】选项。

◆ 在【方法】下拉列表中选择【MILL_M】选项。

◆ 在【名称】文本框中输入【FI1】名称，单击 应用 系统弹出【固定轮廓铣】对话框。

步骤 **4**：在【固定轮廓铣】对话框中设置如下参数。

◆ 在【驱动方法】下拉选项选取【曲面】选项，系统弹出【曲面区域驱动方法】对话框，如图 6-40 所示。

◆ 在【指定驱动几何体】选项中单击图标 按钮，系统弹出【驱动几何体】对话框，如图 6-41 所示，接着在图层设置对话框中将 3 为可选层，然后选取 3 层中的对象为驱动几何体对象，单击 确定 完成驱动几何体的操作，同时系统返回【曲面驱动方法】对话框。

图 6-40　曲面区域驱动方法对话框　　　　　图 6-41　驱动几何体对话框

◆ 在【切削方向】选项中单击图标 按钮，接着在作图区选取图 6-42 所示的箭头方向为切削方向。

◆ 在【步距数】文本框中输入 100，其余参数按系统默认，单击 确定(O) 系统返回【固定轮廓铣】对话框。

步骤 **5**：刀具路径的生成与验证。

◆ 在【固定轮廓铣】对话框中单击生成图标 按钮，系统会开始计算刀具路径，计算完成后，单击 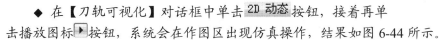 完成曲面驱动方法的创建，结果如图 6-43
所示。

◆ 在显示资源条中单击加工操作导航器图标 按钮，系统会
弹出操作导航器页面。

◆ 在操作导航器工具条中单击图标 按钮，此时操作导航器
页面会显示为几何视图，接着单击 MCS 图标，此时加工操作工
具条激活，然后在加工操作工具条中单击图标 按钮，系统弹出
【刀轨可视化】对话框。

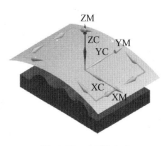

图 6-42 切削方向

◆ 在【刀轨可视化】对话框中单击 2D 动态 按钮，接着再单
击播放图标 按钮，系统会在作图区出现仿真操作，结果如图 6-44 所示。

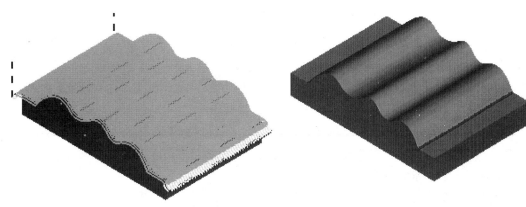

图 6-43 曲面驱动刀轨 　　　　　　　　　图 6-44 刀具路径仿真结果

专家点拨：1.曲面驱动方法不会接受排列不均匀的行和列的驱动曲面。2.如果要加工的曲
面满足驱动曲面条件时，则可直接在驱动表面上生成刀轨，因为驱动点没有投影到部件表面上，
所以无须再选择任何部件几何体。

六、流线驱动方法

步骤 1：运行 UG NX8.5 软件。

步骤 2：选择主菜单的【文件】|【打开】命令，或单击工具栏图标 按钮，将弹出【打开
部件文件】对话框，在此找到放置练习文件夹 ch6 并选择 exe6.prt 文件，单击 确定 进入 UG 加
工界面。此时，在操作导航器中可以看到，工件的粗加工已经完成，下面通过半精加工的操作
说明流线驱动的应用，模型如图 6-45 所示。

步骤 3：选择下拉菜单【插入】|【工序】命令，或单击工具条中图标 按钮，系统将弹
出【创建工序】对话框。

（1）在【类型】下拉列表中选择【mill_contour】选项。

（2）在【子类型】选项卡中单击图标 按钮。

◆ 在【程序】下拉列表中选择【CORE】选项为程序名。

◆ 在【刀具】下拉列表中选择【D8R4】。

◆ 在【几何体】下拉列表中选择【WORKPIECE】选项。

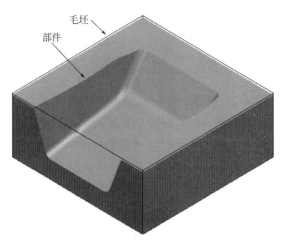

图 6-45 部件和毛坯模型

◆ 在【方法】下拉列表中选择【MILL_M】选项。

◆ 在【名称】文本框中输入【FI1】名称，单击 应用 系统弹出【固定轮廓铣】对话框。

步骤 4： 在【固定轮廓铣】对话框中设置如下参数。

◆ 在【驱动方法】下拉选项选取【流线】选项，系统弹出【流线驱动方法】对话框，如图 6-46 所示，接着在作图区选取图 6-47 所示的边界为流曲线 1，图 6-48 所示的边界为流曲线 2，单击两次鼠标中键，系统跳至交叉曲线选项。

图 6-46 流线驱动方法对话框

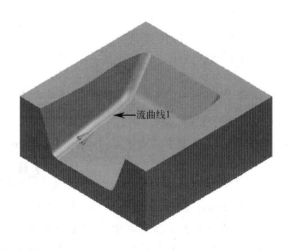

图 6-47 流曲线 1

图 6-48　流曲线 2

◆ 在作图区选取图 6-49 所示的边界为交叉曲线 1，图 6-50 所示的边界为交叉曲线 2。

◆ 在【步距数】文本框中输入 35，其余参数按系统默认，单击 确定(0) 系统返回【固定轮廓铣】对话框。

步骤 5：刀具路径的生成与验证。

◆ 在【固定轮廓铣】对话框中单击生成图标 按钮，系统会开始计算刀具路径，计算完成后，单击 确定 完成流线驱动方法的创建，结果如图 6-51 所示。

◆ 在显示资源条中单击加工操作导航器图标 按钮，系统会弹出操作导航器页面。

◆ 在操作导航器工具条中单击图标 按钮，此时操作导航器页面会显示为几何视图，接着单击 MCS图标，此时加工操作工具条激活，然后在加工操作工具条中单击图标 按钮，系统弹出【刀轨可视化】对话框。

◆ 在【刀轨可视化】对话框中单击 2D 动态 按钮，接着再单击播放图标 按钮，系统会在作图区出现仿真操作，结果如图 6-52 所示。

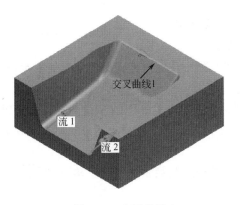

图 6-49　交叉曲线 1

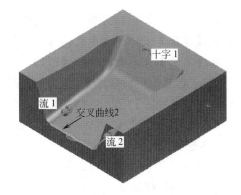

图 6-50　交叉曲线 2

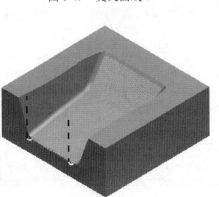

图 6-51　流线驱动刀轨

图 6-52　刀具路径仿真结果

七、刀轨驱动方法

步骤 1： 运行 UG NX8.5 软件。

步骤 2： 选择主菜单的【文件】|【打开】命令，或单击工具栏图标 按钮，将弹出【打开部件文件】对话框，在此找到放置练习文件夹 ch6 并选择 exe6.prt 文件，单击 确定 进入 UG 加工界面。此时，在操作导航器中可以看到，工件的粗加工已经完成，下面通过半精加工的操作说明刀轨驱动的应用，模型如图 6-53 所示。

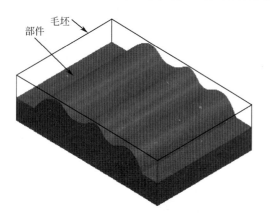

图 6-53　部件和毛坯模型

步骤 3： 选择下拉菜单【插入】|【工序】命令，或单击工具条中图标 按钮，系统将弹出【创建工序】对话框。

（1）在【类型】下拉列表中选择【mill_contour】选项。

（2）在【子类型】选项卡中单击图标 按钮。

◆ 在【程序】下拉列表中选择【CORE】选项为程序名。

◆ 在【刀具】下拉列表中选择【D8R4】。

◆ 在【几何体】下拉列表中选择【WORKPIECE】选项。

◆ 在【方法】下拉列表中选择【MILL_M】选项。

◆ 在【名称】文本框中输入【FI1】名称，单击 应用 系统弹出【固定轮廓铣】对话框。

步骤 4： 在【固定轮廓铣】对话框中设置如下参数。

◆ 在【驱动方法】下拉选项选取【刀轨】选项，系统弹出【指定 CLSF】对话框，如图 6-54 所示，接着选取 exe6_finish.cls 为指定 CLSF，单击 OK ，系统弹出【刀轨驱动方法】对话框，如图 6-55 所示。

◆ 在【刀轨驱动方法】对话框中单击 FI1 刀轨，其余参数按系统默认，单击 确定(O) 系统返回【固定轮廓铣】对话框。

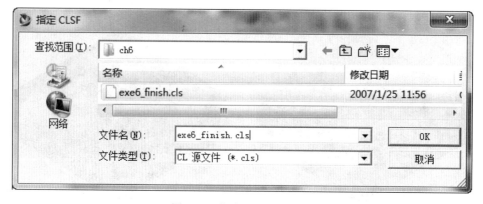

图 6-54　指定 CLSF 对话框

图 6-55　刀轨驱动方法对话框

步骤 5：刀具路径的生成与验证。

◆ 在【固定轮廓铣】对话框中单击生成图标 按钮，系统会开始计算刀具路径，计算完成后，单击 确定 完成刀轨驱动方法的创建，结果如图 6-56 所示。

◆ 在显示资源条中单击加工操作导航器图标 按钮，系统会弹出操作导航器页面。

◆ 在操作导航器工具条中单击图标 按钮，此时操作导航器页面会显示为几何视图，接着单击 MCS图标，此时加工操作工具条激活，然后在加工操作工具条中单击图标 按钮，系统弹出【刀轨可视化】对话框。

◆ 在【刀轨可视化】对话框中单击 2D 动态 按钮，接着再单击播放图标 按钮，系统会在作图区出现仿真操作，结果如图 6-57 所示。

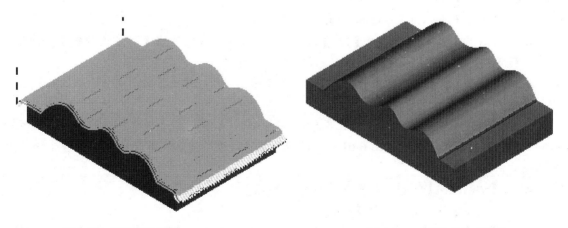

图 6-56　刀轨驱动刀轨　　　　　　　　　　　　　　图 6-57　刀具路径仿真结果

八、径向切削驱动方法

步骤 1：运行 UG NX8.5 软件。

步骤 2：选择主菜单的【文件】|【打开】命令，或单击工具栏图标 按钮，将弹出【打开部件文件】对话框，在此找到放置练习文件夹 ch6 并选择 exe7.prt 文件，单击 确定 进入 UG 加工界面。此时，在操作导航器中可以看到，工件的粗加工已经完成，下面通过半精加工的操作说明径向切削驱动的应用，模型如图 6-58 所示。

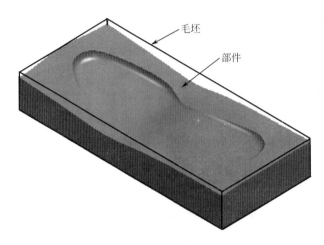

图 6-58　部件和毛坯模型

步骤 3：选择下拉菜单【插入】|【工序】命令，或单击工具条中图标 按钮，系统将弹出【创建工序】对话框。

（1）在【类型】下拉列表中选择【mill_contour】选项。

（2）在【子类型】选项卡中单击图标 按钮。

◆ 在【程序】下拉列表中选择【CORE】选项为程序名。

◆ 在【刀具】下拉列表中选择【D6R3】。

◆ 在【几何体】下拉列表中选择【WORKPIECE】选项。

◆ 在【方法】下拉列表中选择【MILL_M】选项。

◆ 在【名称】文本框中输入【FI1】名称，单击 应用 系统弹出【固定轮廓铣】对话框。

步骤 4：在【固定轮廓铣】对话框中设置如下参数。

◆ 在【驱动方法】下拉选项选取【径向切削】选项，系统弹出【径向切削驱动方法】对话框，如图 6-59 所示。

◆ 在【指定驱动几何体】选项中单击图标 按钮，系统弹出【临时边界】对话框，如图 6-60 所示，接着在作图区选取图 6-61 所示的边界为临时边界对象，单击 确定 (O) 返回【径向切削驱动方法】对话框。

◆ 在【切削方向】下拉选项选取【顺铣】选项。

◆ 在【步距】下拉选项选取【恒定】选项。

◆ 在【距离】文本框中输入 0.3，在【材料侧的条带】文本框中输入 10；在【另一侧

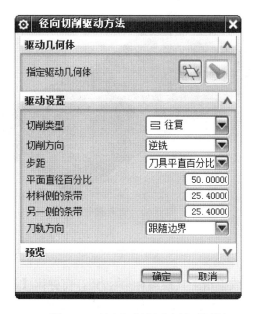

图 6-59 径向切削驱动方法对话框

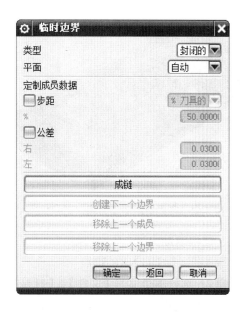

图 6-60 临时边界对话框

图 6-61 临时边界线

的条带】文本框中输入 3，其余参数按系统默认，单击 确定(0) 系统返回【固定轮廓铣】对话框。

步骤 5：刀具路径的生成与验证。

◆ 在【固定轮廓铣】对话框中单击生成图标 按钮，系统会开始计算刀具路径，计算完成后，单击 确定 完成径向切削驱动方法的创建，结果如图 6-62 所示。

◆ 在显示资源条中单击加工操作导航器图标 按钮，系统会弹出操作导航器页面。

◆ 在操作导航器工具条中单击图标 按钮，此时操作导航器页面会显示为几何视图，接着单击 MCS 图标，此时加工操作工具条激活，然后在加工操作工具条中单击图标 按钮，系统弹出【刀轨可视化】对话框。

◆ 在【刀轨可视化】对话框中单击 2D 动态 按钮，接着再单击播放图标 按钮，系统会在作图区出现仿真操作，结果如图 6-63 所示。

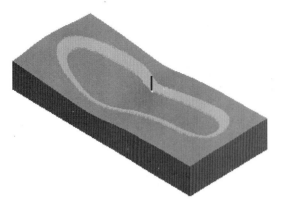

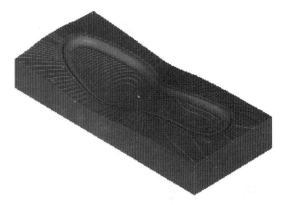

图 6-62　径向切削驱动刀轨

图 6-63　刀具路径仿真结果

九、清根驱动方法

步骤 1：运行 UG NX8.5 软件。

步骤 2：选择主菜单的【文件】|【打开】命令，或单击工具栏图标按钮，将弹出【打开部件文件】对话框，在此找到放置练习文件夹 ch6 并选择 exe9.prt 文件，单击[确定]进入 UG 加工界面。此时，在操作导航器中可以看到，工件的粗加工已经完成，下面通过半精加工的操作说明清根驱动的应用，模型如图 6-64 所示。

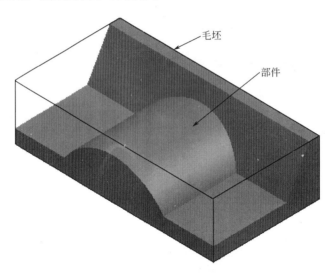

图 6-64　部件和毛坯模型

步骤 3：选择下拉菜单【插入】|【工序】命令，或单击工具条中图标 按钮，系统将弹出【创建工序】对话框。

（1）在【类型】下拉列表中选择【mill_contour】选项。

（2）在【子类型】选项卡中单击图标 按钮。

◆ 在【程序】下拉列表中选择【PROGRAM】选项为程序名。

◆ 在【刀具】下拉列表中选择【D4】。

◆ 在【几何体】下拉列表中选择【WORKPIECE】选项。

◆ 在【方法】下拉列表中选择【MILL_M】选项。

◆ 在【名称】文本框中输入【FI1】名称，单击 应用 系统弹出【固定轮廓铣】对话框。

步骤 4：在【固定轮廓铣】对话框中设置如下参数。

◆ 在【驱动方法】下拉选项选取【清根】选项，系统弹出【清根驱动方法】对话框，如图
6-65 所示。

图 6-65　清根驱动方法对话框

◆ 在【清根类型】下拉选项选取【多个偏置】选项。

◆ 在【步距】文本框中输入 0.1；在【偏置数】文本框中输入 2，其余参数按系统默认，
单击 确定(0) 系统返回【固定轮廓铣】对话框。

步骤 5：刀具路径的生成与验证。

◆ 在【固定轮廓铣】对话框中单击生成图标 按钮，系统会开始计算刀具路径，计算完
成后，单击 确定 完成清根驱动方法的创建，结果如图 6-66 所示。

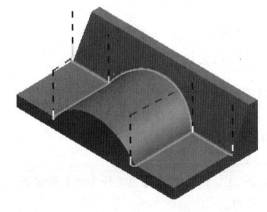

图 6-66　清根驱动刀轨　　　　　图 6-67　刀具路径仿真结果

◆ 在显示资源条中单击加工操作导航器图标 按钮，系统会弹出操作导航器页面。

◆ 在操作导航器工具条中单击图标 按钮，此时操作导航器页面会显示为几何视图，接着单击 MCS图标，此时加工操作工具条激活，然后在加工操作工具条中单击图标 按钮，系统弹出【刀轨可视化】对话框。

◆ 在【刀轨可视化】对话框中单击 2D 动态 按钮，接着再单击播放图标 按钮，系统会在作图区出现仿真操作，结果如图 6-67 所示。

十、文本驱动方法

步骤 1：运行 UG NX8.5 软件。

步骤 2：选择主菜单的【文件】|【打开】命令，或单击工具栏图标 按钮，将弹出【打开部件文件】对话框，在此找到放置练习文件夹 ch6 并选择 exe10.prt 文件，单击 确定 进入 UG 加工界面。此时，在操作导航器中可以看到，工件的粗加工已经完成，下面通过半精加工的操作说明文本驱动的应用，模型如图 6-68。

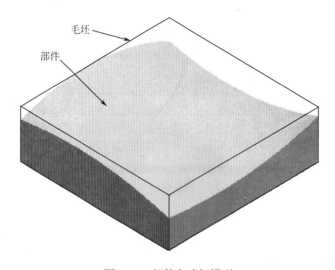

图 6-68 部件和毛坯模型

步骤 3：选择下拉菜单【插入】|【工序】命令，或单击工具条中图标 按钮，系统将弹出【创建工序】对话框。

（1）在【类型】下拉列表中选择【mill_contour】选项。

（2）在【子类型】选项卡中单击图标 按钮。

◆ 在【程序】下拉列表中选择【PROGRAM】选项为程序名。

◆ 在【刀具】下拉列表中选择【D1R0.5】。

◆ 在【几何体】下拉列表中选择【WORKPIECE】选项。

◆ 在【方法】下拉列表中选择【MILL_F】选项。

◆ 在【名称】文本框中输入【FI2】名称，单击 应用 系统弹出【固定轮廓铣】对话框。

步骤 4：在【固定轮廓铣】对话框中设置如下参数。

◆ 在【驱动方法】下拉选项选取【文本】选项，系统弹出【文本驱动方法】对话框，如图

6-69 所示，接着单击 确定(O) 系统返回【固定轮廓铣】对话框。

◆ 在【指定制图文本】选项中单击图标 A 按钮，系统弹出【文本几何】对话框，如图 6-70 所示，接着在做图区选取文本对象，单击 确定(O) 系统返回【固定轮廓铣】对话框。

步骤 5：刀具路径的生成与验证。

◆ 在【固定轮廓铣】对话框中单击生成图标 按钮，系统会开始计算刀具路径，计算完成后，单击 确定 完成文本驱动方法的创建，结果如图 6-71 所示。

图 6-69　文本驱动方法对话框　　　　　　图 6-70　文本几何体对话框

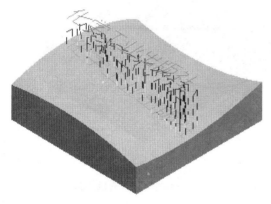

图 6-71　文本驱动刀轨　　　　　　图 6-72　刀具路径仿真结果

◆ 在显示资源条中单击加工操作导航器图标 按钮，系统会弹出操作导航器页面。

◆ 在操作导航器工具条中单击图标 按钮，此时操作导航器页面会显示为几何视图，接着单击 MCS图标，此时加工操作工具条激活，然后在加工操作工具条中单击图标 按钮，系统弹出【刀轨可视化】对话框。

◆ 在【刀轨可视化】对话框中单击 2D 动态 按钮，接着再单击播放图标 按钮，系统会在作图区出现仿真操作，结果如图 6-72 所示。

任务三　综合实例：固定轮廓铣

 理论知识

一、工艺分析

（1）毛坯材料为国产 718，毛坯尺寸为 115mm×85mm×30mm。

（2）产品形状较为简单，分型面和圆弧面需要进行精加工。

（3）由于工件尺寸为立方体，需要去除的材料较多，因此首先可以采用型腔铣进行粗加工操作，并尽可能采用大刀进行加工，因此开粗可以选用 D16R0.8 飞刀（圆鼻刀）进行开粗。

（4）粗加工后凹槽还有较大的余量，因此还必须选用一把较小的刀具进行二次开粗，这样才可以保证半精加工余量一致。

二、填写 CNC 加工程序单

（1）在立铣加工中心上加工，使用平口板进行装夹。

（2）加工坐标原点的设置：采用四面分中，X、Y 轴取在工件的中心；Z 轴取工件的最高顶平面。

（3）数控加工工艺及刀具选用如加工程序单所示。

模具名称： PF601 模号： M601 操作员： 钟平福 编程员： 钟平福

计划时间：		描述：
实际时间：		
上机时间：		
下机时间：		
工作尺寸	单位：mm	
XC	115	
YC	85	
ZC	30	
工作数量：	1 件	四面分中

程序名称	加工类型	刀具平直平面直径百分比	加工深度	加工余量	上机时间	完成时间	备注
型腔铣	开粗	D16R0.8	−20	0.5			
型腔铣	开粗	D4	−20	0.5			
面铣	精光	D6	−5	0			
固定	中光	D6R3	−20	0.3			
固定	精光	D6R3	−20	0			

 操作技能

步骤 1：运行 UG NX8.5 软件。

步骤 2：选择主菜单的【文件】|【打开】命令，或单击工具栏图标 按钮，将弹出【打开部件文件】对话框，在此找到放置练习文件夹 ch6 并选择 exe11.prt 文件，单击 OK 进入 UG 加工界面，如图 5-73 所示。

步骤 3：创建父节点。

（1）创建程序组

在【刀片】工具栏中单击图标 按钮，系统弹出【创建程序】对话框。

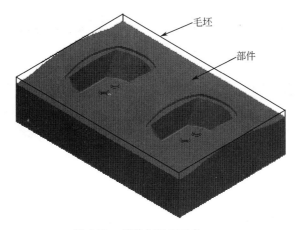

图 6-73 部件与毛坯对象

◆ 在【类型】下拉列表中选择【mill_contour】选项。

◆ 在【程序】下拉列表中选择【NC_PROGRAM】。

◆ 在【名称】处输入名称【core】，单击两次 确定 完成程序组操作，如图 6-74 所示。

图 6-74 创建程序对话框

（2）创建刀具组

在【刀片】工具栏中单击图标 按钮，系统弹出【创建刀具】对话框。

◆ 在【类型】下拉列表中选择【mill_contour】选项。

◆ 在【刀具子类型】选项卡中单击图标 按钮。

◆ 在【刀具】下拉列表中选择【GENGRIC_MACHINE】选项。

◆ 在【名称】处输入 D16R0.8，单击 应用 进入【刀具参数】设置对话框，如图 6-75 所示。

◆ 在【直径】处输入 16。

◆ 在【下半径】处输入 0.8。

图 6-75　创建刀具组对话框

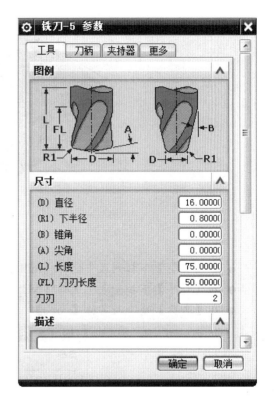

图 6-76　刀具参数设置对话框

◆ 在【长度】处输入 75。

◆ 在【刃口长度】输入 50。

◆ 在【刀刃】输入 2。

◆ 【材料】为 CARBIDE（可点单击图标进入设置刀具材料）。

◆ 【刀具号】输入 1。

◆ 【长度补偿】输入 0。

◆ 【刀具补偿】输入 1。

◆ 单击 确定 按钮完成第 1 把刀具创建工序，如图 6-76 所示。

◆ 依照上述操作过程，完成 D6、D4、D6R3 刀具的创建。

（3）创建几何体组

在【刀片】工具栏中单击图标 按钮，系统弹出【创建几何体】对话框，如图 6-77 所示。

① 机床坐标系的创建

◆ 在【类型】下拉列表中选择【mill_contour】选项。

◆ 在【几何体子类型】选卡中单击图标 按钮。

◆ 在【几何体】下拉列表中选择【GEOMETRY】。

◆ 【名称】处的几何节点按系统内定的名称【MCS】，接着单击 应用 进入系统弹出【MCS】对话框，如图 6-78 所示。

◆ 在【指定 MCS】处单击 （自动判断）然后在作图区选择毛坯顶面为 MCS 放置面，然后单击 确定 ，完成加工坐标系的创建，结果如图 6-79 所示。

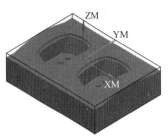

图 6-77　创建几何体对话框　　　　图 6-78　MCS 对话框　　　　图 6-79　MCS 放置面

② 工件的创建

◆ 在【类型】下拉列表中选择【mill_contour】选项。

◆ 在【几何体子类型】选卡中单击图标 按钮。

◆ 在【几何体】下拉列表中选择【MCS】。

◆ 【名称】处的几何节点按系统内定的名称【WORKPIECE】，单击 确定 进入【铣削几何体】对话框，如图 6-80 所示。

◆ 在【指定部件】处单击图标 按钮，系统弹出【部件几何体】对话框，如图 6-81 所示；接着在作图区选取黑色实体为部件几何体，其余参数按系统默认，单击 确定 完成部件几何体操作，同时系统返回【铣削几何体】对话框。

◆ 在【指定毛坯】处单击图标 按钮，系统弹出【毛坯几何体】对话框，如图 6-82 所示；接着在作图区选取线框对象为毛坯几何体，其余参数按系统默认，单击 确定 完成毛坯几何体操作，同时系统返回【铣削几何体】对话框，再单击 确定 完成铣削几何体操作。

（4）创建方法

在【刀片】工具栏中单击图标 按钮，系统弹出【创建方法】对话框，如图 6-83 所示。

◆ 在【类型】下拉列表中选择【mill_contour】选项。

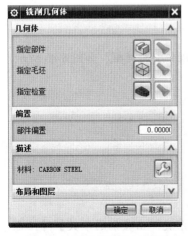

图 6-80　铣削几何体对话框　　　图 6-81　部件几何体对话框　　　图 6-82　毛坯几何体对话框

图 6-83 创建方法对话框

图 6-84 模具粗加工对话框

◆ 在【方法子类型】单击图标。

◆ 在【方法】下拉列表中选择【METHOD】选项。

◆ 在【名称】文本框中输入名称 MILL_R，单击 应用 系统弹出【模具粗加工 HSM】对话框，如图 6-84 所示；接着在【部件余量】文本框中输入 0.5，其余参数按系统默认，单击 确定 完成模具粗加工 HSM 操作。

◆ 依照上述操作，依次创建 MILL_M（中加工）、MILL_F（精加工），其中中加工的部件余量为 0.3；精加工部件余量为 0。

步骤 4： 创建工序。

在【刀片】工具栏中单击图标 按钮，系统弹出【创建工序】对话框，如图 6-85 所示。

◆ 在【类型】下拉列表中选择【mill_contour】选项。

◆ 在【操作子类型】选项卡中单击图标 按钮。

◆ 在【程序】下拉列表中选择【CORE】选项为程序名。

◆ 在【刀具】下拉列表中选择【D16R0.8】。

◆ 在【几何体】下拉列表中选择【WORKPIECE】选项。

◆ 在【方法】下拉列表中选择【MILL_R】选项。

◆ 在【名称】文本框中输入 CA1，单击 应用 系统弹出【型腔铣】对话框，如图 6-86 所示。

步骤 5： 在型腔铣对话框中设置如下参数。

（1）刀轨设置

◆ 在【切削参数】下拉菜单选择【跟随周边】。

◆ 在【步距】下拉菜单选择【刀具平直平面直径百分比】。

◆ 在【平面直径百分比】中输入 65% 。

◆ 在【最大距离】中输入 0.8，结果如图 6-87 所示。

（2）切削参数设置

◆ 在【型腔铣】对话框中单击【切削参数】图标 按钮，系统弹出【切削参数】对话框，如图 6-88 所示。

图 6-85　创建工序对话框

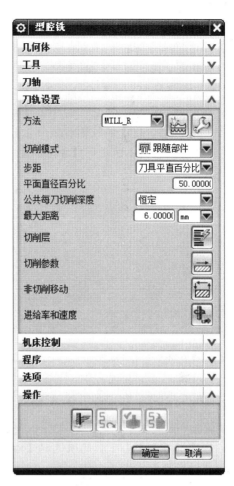

图 6-86　型腔铣对话框

图 6-87　刀轨设置

图 6-88　切削参数对话框

◆ 在【切削顺序】下拉选项选取【深度优先】选项。

◆ 在【图样方向】下拉菜单选取【向外】选项。

◆ 在壁 ∨ 下拉选项钩选 ☑岛清根，接着在【避清理】下拉选项选取【自动】选项，如图 6-89 所示；然后在【切削参数】对话框单击 余量 按钮，系统显示相关余量选项，如图 6-90 所示。

◆ 在余量下拉选项中去除 ☑使用 "底部面和侧壁余量一致"钩选选项，接着在【部件侧面余量】文本框中输入 0.5，在【部件底部面余量】处输入 0.3；其余参数按系统默认，单击 确定 完成切削参数操作，同时系统返回【型腔铣】对话框。

图 6-89 切削参数设置

图 6-90 余量相关选项

（3）非切削移动参数设置

◆ 在【型腔铣】对话框中单击【非切削移动】图标 按钮，系统弹出【非切削运动】对话框，如图 6-91 所示。

◆ 在【进刀类型】下拉选项选取【沿形状斜进刀】选项。

◆ 在【高度】文本框中输入 6mm。

◆ 在【最小倾斜长度】文本框中输入 0。

◆ 在【类型】下拉选项选取【圆弧】选项。

◆ 在【半径】文本框中输入 5mm，结果如图 6-92 所示；接着单击 转移/快速 按钮，系统显示相关的快速/传递选项。

◆ 在【安全设置选项】下拉选项选取【自动平面】选项。

◆ 在【安全距离】文本框中输入 30。

◆ 在【传递类型】下拉选项选取【前一平面】。

◆ 在【安全距离】文本框中输入 5。

◆ 在【传递使用】下拉选项选取【进刀/退刀】

◆ 在【传递类型】下拉选项选取【前一平面】。

◆ 在【安全距离】文本框中输入 5，其余参数按系统默认，单击 确定 完成【非切削运动】参数设置，结果如图 6-93 所示，同时返回【型腔铣】对话框。

（4）进给与主轴转速参数设置

◆ 在【型腔铣】对话框中单击【进给和速度】图标 按钮，系统弹出【进给率和速度】对话框，如图 6-94 所示。

◆ 在【主轴速度】文本框中输入 1800，接着在【切削】文本框中输入 1500，其余参数按系统默认，单击 确定 完成【进给率和速度】的参数设置。

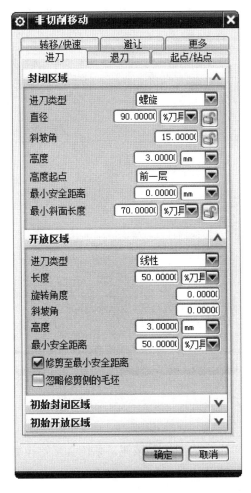

图 6-91 非切削移动对话框

图 6-92 进刀/退刀参数设置

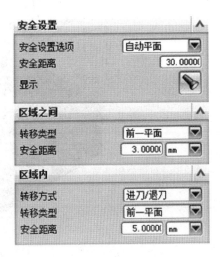

图 6-93 传递/快速参数设置

图 6-94　进给和速度对话框

步骤 6：粗加工刀具路径生成。

在【型腔铣】对话框中单击生成图标 按钮，系统会开始计算刀具路径，计算完成后，单击 完成粗加工刀具路径操作，结果如图 6-95 所示。

步骤 7：二次粗加工操作。

因为都是开粗操作过程，因此只要将前面的刀具路径进行复制，接着重新选取一把新刀具即可。

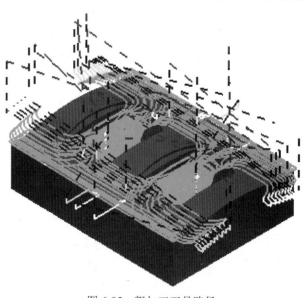

图 6-95　粗加工刀具路径

◆ 单击⊞▥ MILL_R前面的+，读者会看到名为♀▇ CA1的刀具路径。

◆ 将鼠标移至♀▇ CA1刀具路径中，单击右键系统弹出快捷命令菜单。

◆ 在快捷命令菜单单击【复制】，接着将鼠标移至⊞▥ MILL_R中，单击右键系统弹出快捷命令菜单，然后单击【内部粘贴】选项，此时读者可以看到一个过时的刀具路径名 ⊘▇ CA1_COPY；最后将⊘▇ CA1_COPY更名为⊘▇ CA2。

◆ 在⊘▇ CA2对象中双击左键，系统弹出【型腔铣】对话框。

步骤 8： 在型腔铣对话框中设置如下参数。

◆ 在【刀具】下拉选项选取 D4 (Millin ▼ 选项。

◆ 在【最大距离】中输入 0.3，接着在【型腔铣】对话框中单击【切削参数】图标 ▣ 按钮，系统弹出【切削参数】对话框。

◆ 在【切削参数】对话框中单击 空间范围 按钮，系统显示相关选项，接着在【参考刀具】下拉选项选取 D16R0.8 (M: ▼ 选项，其余参数按系统默认，单击 确定 完成【切削参数】设置，同时系统返回【型腔铣】对话框。

◆ 在【型腔铣】对话框中单击【进给和速度】图标 ▣ 按钮，系统弹出进给对话框。

◆ 在【主转速度】文本框中输入 2000。

在【切削】文本框中输入 400，其余参数按系统默认，单击 确定 完成【进给率和速度】的操作。

步骤 9： 二次开粗刀具路径生成。

在【型腔铣】对话框中单击生成图标 ▣ 按钮，系统会开始计算刀具路径，计算完成后，单击 确定 完成中加工刀具路径操作，结果如图 6-96 所示。

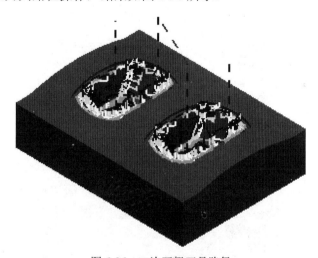

图 6-96　二次开粗刀具路径

步骤 10： 精加工分型面刀具路径创建。

在【刀片】工具栏中单击图标 ▣ 按钮，系统弹出【创建工序】对话框。

◆ 在【类型】下拉列表中选择【mill_planar】选项。

◆ 在【操作子类型】选项卡中单击图标 ▣ 按钮。

◆ 在【程序】下拉列表中选择【CORE】选项为程序名。

◆ 在【刀具】下拉列表中选择【D6】。

◆ 在【几何体】下拉列表中选择【WORKPIECE】选项。

◆ 在【方法】下拉列表中选择【MILL_F】选项。

◆ 在【名称】文本框中输入 FA1，单击 [应用] 进入【面铣】对话框，如图 6-97 所示。

步骤 11： 在面铣削对话框中设置如下参数。

（1）指定面几何体

◆ 在【平面铣】对话框单击【指定面边界】图标 按钮，系统弹出【指定面几何体】对话框，如图 6-98 所示。

◆ 在【指定面几何体】单击图标 按钮，接着在做图区选取顶平面和分型面为面几何边界，如图 6-99 所示；其余参数按系统默认，单击 [确定] 完成指定面边界操作，并返回【面铣削】操作对话框。

（2）刀轨设置

◆ 在【切削参数】下拉选项选择【往复】选项。

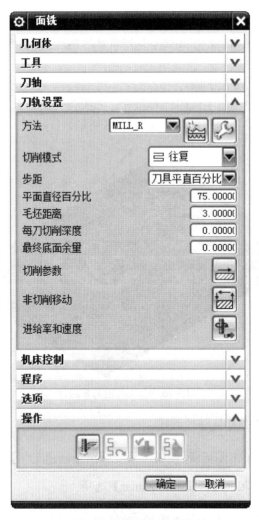

图 6-97　平面铣对话框

图 6-98 指定面几何体对话框

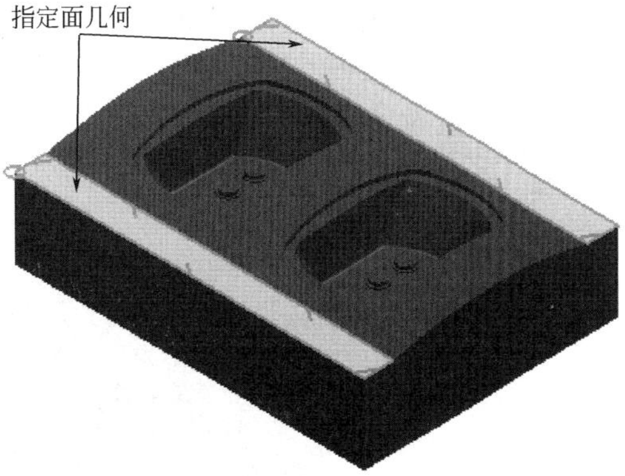

指定面几何

图 6-99 指定面几何边界

◆ 在【步距】下拉选项选择【刀具平直平面直径百分比】选项。

◆ 在【平面直径百分比】文本框中输入 35%。

◆ 在【毛坯距离】文本框中输入 1，结果如图 6-100 所示。

（3）切削参数设置

◆ 在【面铣削】对话框中单击【切削参数】图标📄按钮，系统弹出【切削参数】对话框。

◆ 在【切削参数】对话框中单击 余量 按钮，系统显示相关余量选项；接着在【部件余量】文本框中输入 0，【壁余量】文本框中输入 0，其余参数按系统默认，单击 确定 完成切削参数操作。

图 6-100 刀轨设置

（4）非切削移动参数设置

◆ 在【面铣削】对话框中单击【非切削移动】图标🔳按钮，系统弹出【非切削移动】对话框。

◆ 在【进刀类型】下拉选项选择【插铣】选项。

◆ 在【高度】文本框中处输入 6mm。

◆ 在【类型】下拉选项选择【圆弧】选项。

◆ 在【半径】文本框中输入 5mm。

◆ 在【圆弧角度】文本框中输入 90。

◆ 在【非切削移动】对话框中单击 转移/快速 按钮，系统显示相关余量选项；接着在【安全设置选项】下拉选项中选择【自动】选项，在【安全距离】文本框中输入30，其余参数按系统默认，单击 确定 完成非切削移动参数操作。

（5）进给和速度参数设置

◆ 在【面铣削】对话框中单击【进给率和速度】图标 按钮，系统弹出进给对话框，接着在【主轴速度】文本框输入2500，在【切削】文本框中输入350，其余参数按系统默认，单击 确定 完成进给率和速度参数操作。

步骤12：精加工刀具路径生成。

在面铣参数设置对话框中单击生成图标 按钮，系统会开始计算刀具路径，计算完成后，单击 确定 完成精加工刀具路径操作，结果如图6-101所示。

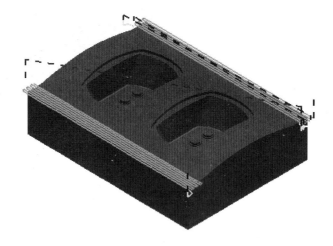

图6-101　精加工刀具路径

步骤13：中加工型腔。

在【刀片】工具栏中单击图标 按钮，系统弹出【创建工序】对话框，如图6-102所示。

◆ 在【类型】下拉列表中选择【mill_contour】选项。

◆ 在【操作子类型】选项卡中单击图标 按钮。

◆ 在【程序】下拉列表中选择【CORE】选项为程序名。

◆ 在【刀具】下拉列表中选择【D6R3】。

◆ 【几何体】下拉列表中选择【WORKPIECE】选项。

◆ 在【方法】下拉列表中选择【MILL_M】选项。

◆ 在【名称】文本框中输入【FI1】名称，单击 应用 系统弹出【固定轮廓铣】对话框，如图6-103所示。

步骤14：在【固定轮廓铣】对话框中设置如下参数。

（1）切削区域设置

◆ 在【指定切削区域】选项中单击图标 按钮，系统弹出【切削区域】对话框，如图6-104

图 6-102 创建工序对话框

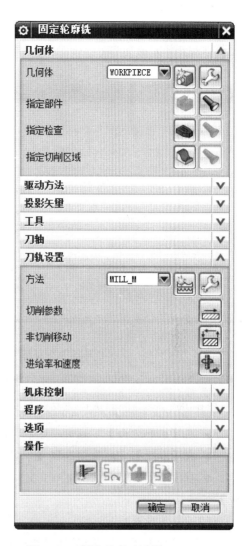

图 6-103 固定轮廓对话框

图 6-104 切削区域对话框

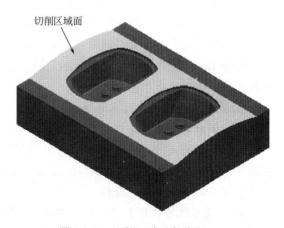

图 6-105 切削区域对象选取

所示，接着在作图区选取如图 6-105 所示的面为切削区域，单击 确定(0) 完成切削区域操作。

（2）驱动方法设置

◆ 在【驱动方法】下拉选项选取【区域铣削驱动方法】选项，系统弹出【区域铣削驱动方法】对话框，如图 6-106 所示。

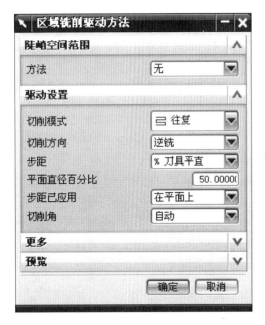

图 6-106　区域铣削驱动方法对话框

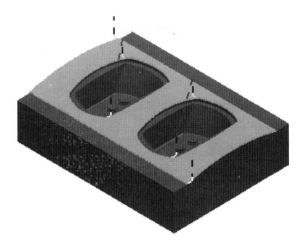

图 6-107　半精刀具路径

◆ 在【切削方向】下拉选项选取【顺铣】选项。

◆ 在【步距】下拉选项选取【恒定】选项。

◆ 在【距离】文本框中输入 0.5，其余参数按系统默认，单击 确定(0) 系统返回【固定轮廓铣】对话框。

（3）刀轴设置

◆ 在【轴】下拉选项选取 +ZM 轴 选项。

步骤 15：半精加工刀具路径生成。

在面铣参数设置对话框中单击生成图标 按钮，系统会开始计算刀具路径，计算完成后，单击 确定 完成半精加工刀具路径操作，结果如图 6-107 所示。

步骤 16：依照本节步骤 7 的复制刀轨方法进行复制半精加工刀具路径，并做相关的精加工参数设置，完成结果如图 6-108 所示。

步骤 17：刀具路径的生成与验证。

◆ 在显示资源条中单击加工操作导航器图标 按钮，系统会弹出操作导航器页面。

◆ 在操作导航器工具条中单击图标 按钮，此时操作导航器页面会显示为几何视图，接着单击 MCS 图标，此时加工操作工具条激活，然后在加工操作工具条中单击图标 按钮，系统弹出【刀轨可视化】对话框。

◆ 在【刀轨可视化】对话框中单击 2D 动态 按钮，接着再单击播放图标 按钮，系统会在作图区出现仿真操作，结果如图 6-109 所示。

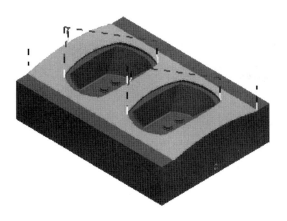

图 6-108　区域铣削驱动方法驱动刀轨

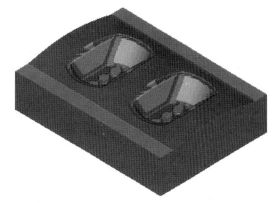

图 6-109　刀具路径仿真结果

　想想练练

1. 填空题

（1）固定轴曲面轮廓铣加工的特点是_____。

（2）固定轴曲面轮廓铣加工_____5 种几何体。

（3）区域加工是指_____。

（4）清根驱动方式能够沿着_____生成刀轨。

（5）清根类型包括_____3 种形式。

2. 选择题

（1）下面哪个图标为单个刀轨清根功能（　　　）。

A. 　　　　　　　B. 　　　　　　C. 　　　　　　D.

（2）下面哪个图标为刻字功能（　　　）。

A. 　　　　　　　B. 　　　　　　C. 　　　　　　D.

（3）最小切削长度是指定_____时的最小段长度值（　　　）。

A. 生成刀具路径　　B. 刀具直径　　C. 不连续刀具路径　　D. 切入零件

3. 简答题

（1）固定轴曲面轮廓铣加工的零件形状应该有哪些特点？

（2）固定轴曲面轮廓铣主要用于什么加工？用它有什么好处？

（3）固定轴曲面轮廓铣加工有哪几种驱动方式？各有什么特点？

（4）固定轴曲面轮廓铣加工的应用有哪些？

（5）固定轴曲面轮廓铣加工中，哪个驱动方式是新增的？此功能有什么好处？

参考文献

[1] 钟平福. UG NX 7.5 产品设计及数控加工案例精析. 北京：化学工业出版社, 2011.

[2] 钟平福. UG NX 数控加工自动编程入门与技巧 100 例. 北京：化学工业出版社, 2009.

[3] 李锦标, 钟平福. 精通 UG NX5 数控加工. 北京：清华大学出版社, 2008.

[4] 展迪优. UG NX 8.0快速入门教程. 北京：机械工业出版社，2013.

[5] 钟日铭. UG NX 9中文版从入门到精通. 北京：人民邮电出版社, 2014.